绿色养殖
与畜禽粪污资源化利用

青海省畜牧总站　编

中国农业科学技术出版社

图书在版编目（CIP）数据

绿色养殖与畜禽粪污资源化利用/青海省畜牧总站编. ––北京：
中国农业科学技术出版社，2024.5
ISBN 978-7-5116-6750-2

Ⅰ. ①绿… Ⅱ. ①青… Ⅲ. ①畜禽—养殖—无污染技术 ②畜
禽—粪便处理—废物综合利用—研究 Ⅳ. ①S815 ②X713.05

中国国家版本馆CIP数据核字（2024）第066877号

责任编辑 张国锋
责任校对 李向荣
责任印制 姜义伟 王思文

出 版 者 中国农业科学技术出版社
北京市中关村南大街12号 邮编：100081
电 话 （010）82109705（编辑室） （010）82106624（发行部）
（010）82109709（读者服务部）
网 址 https://castp.caas.cn
经 销 者 各地新华书店
印 刷 者 北京科信印刷有限公司
开 本 170 mm × 240 mm 1/16
印 张 14.75
字 数 380千字
版 次 2024年5月第1版 2024年5月第1次印刷
定 价 180.00元

前　言

习近平总书记指出，保护生态环境就是保护生产力，改善生态环境就是发展生产力。生态环境问题归根到底是经济发展方式问题。要正确处理好经济发展同生态环境保护的关系，切实把绿色发展理念融入经济社会发展各方面，推进形成绿色发展方式和生活方式，协同推进人民富裕、国家富强、中国美丽。

畜牧业是农业的重要组成部分，是生态系统不可或缺的重要环节。绿色发展是以效率、和谐、持续为目标的经济增长方式，是尊重自然、顺应自然、保护自然的新发展，要求在源头上控制投入、减量增效，在过程中实施清洁生产、循环利用，在产品上保障绿色安全、引领消费，是畜禽养殖废弃物处理和资源化利用的主要方向和最终目标。畜禽养殖废弃物处理和资源化利用是在养殖生产过程中，根据不同资源条件、不同畜种、不同规模，通过完善喂料、饮水、环境控制等现代化设施设备，推广节水、节料、节能、微生物发酵等清洁养殖工艺和干清粪、清洁回用、达标排放、集中处理等先进粪污处理实用技术，以地定养、种养结合、还田利用，实现养殖废弃物无害化处理、资源化利用，是畜牧业绿色可持续发展的基本保证和根本支撑。畜牧业绿色发展和畜禽养殖废弃物处理资源化利用，二者相辅相成，为不可分割的有机整体。

我国是世界畜牧业生产大国，2021 年全国肉类总产量 8 990 万 t，禽蛋产量 3 409 万 t，奶类总产 3 778 万 t，在保障城乡居民日益增长的肉蛋奶需求的同时，也产生了大量养殖废弃物，成为农业面源污染的主要来源，迫切需要我们转变发展理念、转变发展方式、研究推广先进生产技术和设施设备、构建新型种养关系，大力推进畜牧业绿色发展。

青海省畜牧总站在总结国内外畜牧业绿色发展和畜禽粪污资源化利用成果的基础上编撰此书。本书共十章，分为两部分。第一部分为绿色养殖，对绿色养殖的由来、发展现状进行了简要介绍，重点阐述了环境与动物绿色养殖的关系。第二部分为畜禽粪污资源化利用，介绍了目前我国畜禽粪污资源化利用的法律规定、重大政策；畜禽粪污的价值与危害；畜禽粪污处理及利用技术；畜禽粪污资源化利用技术模式；青海省畜禽粪污综合利用典型案例；畜禽粪污土地承载能力；畜禽粪污资源化利用相关标准规范解读；养殖场养殖档案建设与管理等，供业内人员参考。

由于能力水平有限，编撰过程中难免出现疏漏，敬请读者指正。此书的出版，得到了青海省农业农村能源与资源保护技术指导服务中心任阳阳、青海省环境科学研究设计院有限公司张正萍等老师的帮助，在此表示感谢。

编 者
2024 年 2 月

目 录

第一章 绿色养殖

第一节 绿色养殖的由来

一、绿色养殖提出过程

绿色养殖（Green Livestock Farming）这一概念起源于 20 世纪 90 年代，源于人们对食品安全、环境保护和可持续发展的关注。随着全球人口增长、气候变化和资源紧张等问题日益突出，绿色养殖理念逐渐受到广泛关注。

绿色养殖的核心理念是实现养殖业的可持续发展，提高养殖业的质量和安全性，降低对环境的负面影响。具体而言，绿色养殖包括以下几个方面。

1. 环保

绿色养殖注重保护环境，减少废弃物排放，提高资源利用效率，降低能源消耗。

2. 安全

绿色养殖关注食品安全，减少抗生素、激素等药物使用，提高动物健康水平，降低药物残留。

3. 动物福利

绿色养殖关注动物福利，提高养殖动物的生存环境，降低动物疾病发生率，提高生产效率。

4. 可追溯

绿色养殖注重可追溯性，确保产品从生产到使用的全过程可监控、可追溯，提高产品安全性。

5. 技术创新

绿色养殖鼓励技术创新，提高产品性能和环保性能，降低生产成本，促进产业升级。

6. 法律法规

绿色养殖符合国家法律法规和相关标准，确保产品合法、合规、安全、可靠。

绿色养殖是全球养殖业发展的趋势，旨在实现养殖业的可持续发展，提高养殖业的质量和安全性，降低对环境的负面影响，满足人们对食品安全、环保问题的需求。

二、绿色养殖的发展阶段

绿色养殖发展历程可以分为以下几个阶段。

1. 传统养殖阶段（20 世纪初以前）

在这一阶段，养殖业的主要目标是满足人们对动物产品的需求，生产方式主要依靠传统养殖技术和经验，对环境和动物福利的关注较少。

2. 工业化养殖阶段（20 世纪初—20 世纪中叶）

随着科技的发展，养殖业逐渐走向工业化，工厂化养殖模式开始普及。这一阶段的特点包括规模扩大、生产效率提高、投入品使用增加等。然而，这一阶段对环境和动物福利的关注仍然较少。

3. 环保养殖阶段（20 世纪中叶—21 世纪初）

随着人们环保意识的提高，养殖业开始关注对环境的影响，环保养殖概念应运而生。这一阶段的特点包括减少排放、提高资源利用率、减少抗生素使用等。

4. 可持续发展阶段（21 世纪初至今）

随着食品安全问题的凸显，无抗养殖成为绿色养殖的重要方向，绿色养殖的理念得到广泛认可，养殖业开始全面关注可持续发展问题，这一阶段的特点包括减少抗生素使用、提高动物健康、降低药物残留等。

目前，绿色养殖正处于快速发展阶段，随着科技进步和消费者对食品安全、环保问题的关注，绿色养殖将成为未来养殖业的主流。

第二节 绿色养殖发展现状

一、国外绿色养殖发展现状

近年来，随着动物性食品安全问题频发，养殖业与环境的冲突日益尖锐，玉米价格持续上涨等因素的影响，各国养殖业都在探索提高食品安全、减少环境污染、提高养殖业效益和增加动物福利的养殖业发展方式。因而，绿色养殖的理念一经提出就受到各国追捧，绿色养殖在全球范围内得到广泛关注和实践。许多国家和地区都在积极推动绿色养殖业的发展，以保障食品安全、提高养殖效益和保护环境。在践行绿色理念、推动养殖业绿色发展方面各国从不同角度进行了实践和探索。

（一）有机农业发展现状

20世纪上半叶，西方发达国家极力发展以高投入高产出为特点的"石油农业"，付出了惨痛的生态代价，在全球范围内造成严重后果，如植被退化、水土流失加剧、土壤肥力下降、土壤沙化和盐渍化严重等问题。为解决这种掠夺式发展方式存在的问题，1931年英国的霍沃德首次提出了有机农业的概念。20世纪40年代，罗代尔农场率先在美国开始了有机农业生产实践。20世纪60—70年代发达国家自发建立有机农场，有机食品市场逐步形成。有机农业包括土壤、植物和动物管理程序，由监督、认证机构强制实行一系列规则和限制。有机农业禁止使用人工合成农药、化肥、防腐剂、药物、转基因生物、污水污泥和辐射。1972年，一个致力于改善农牧业生态环境、提高食品安全的组织——国际有机农业运动联合会成立，全球各国随之掀起了发展绿色有机生态畜牧业的高潮。到21世纪初，全球共有141个国家开始发展以绿色有机为主的生态畜牧业。此后，各国生态农业用地面积不断增加，其中以欧洲国家占比最高，而大多数发展中国家的生态农业用地面积占比较低，2016年全球有机方式管理的农业生产用地达到8.67亿亩，有机农业用地面积最大的是大洋洲，占到全球的一半左右，其次是欧洲，占全球的约1/4，再下来是拉丁美洲、亚洲等，中国以230万 hm^2 的面积位居世界第三，但与世界发达国家相比差距很大。据国际有机农业运动联合会统计，全球生态肉类产品增长速度飞快，在21世纪初年均增长率达到20%以上，2016年全球有机产品产值超过900亿美元，20年间产值翻了6倍以上，可以看出有机农业的潜力和发展速度。美国、德国和法国是全球最大的有机产品市场，2016年销售额分别超过389亿欧元、97亿欧元和67亿欧元，中国位居第四，达到57亿欧元。2021年美国有机产品市场交易额达到857亿美元，全球有机产品市场交易额高达1 884亿美元。另据预测，2022—2030年有机产品市场交易额综合年均增长率将达到13.0%，增长速度可见一斑。这种快速的增长主要由于消费者对与自身健康相关的有机产品的需求有关，也与消费者对非转基因食品的需求增长有关。

世界各国出台了禁止在有机产品生产过程中使用化学品、杀虫剂、生长激素和其他合成化学产品的指南,通过宣传和立法让消费者容易区分正宗有机产品和非有机产品是有机产品市场快速发展的重要推动因素之一。此外,有些国家还通过有机认证补贴方式支持有机农业发展,如印度政府在国家园艺使命(NHM)下,通过向有机食品种植者提供奖励,鼓励有机农业生产。在印度,每个受益人最多可获得 $4hm^2$ 土地,每公顷可获得 1 万卢比的有机农业认证补贴。

(二)世界各国发展有机生态畜牧业的主要模式

世界各国根据各自国家的资源条件,在有机生态畜牧业的生产实践过程中探索总结出了符合各自国情的有机畜牧业发展模式,但总体来看主要的发展模式有 4 种:一是以集约化为主要特征的农牧结合型有机畜牧业发展模式,美国和加拿大是这种模式的典型代表;二是以草畜平衡为突出特征的草原有机生态畜牧业发展模式,采取这种模式的主要是澳大利亚和新西兰;三是以小规模农户饲养为突出特征的有机生态畜牧业,这种模式以日本和中国为典型代表;四是以开发绿色畜产品生产为特征的自然生态畜牧业,英国、德国等欧洲国家是这类模式的典型代表。

(三)世界各国发展生态畜牧业采取的主要措施

1. 非常重视有机畜牧业发展

全球很多国家或地区政府都出台了相关的法律法规和政策,来鼓励和支持有机畜牧业的发展。如欧盟出台的《欧洲共同农业法》中就有鼓励欧盟各国畜牧业发展的专门条款;20 世纪 90 年代中期,澳大利亚政府就提出了国家农林渔业可持续发展的战略,并推出了"洁净食品计划";奥地利政府 1995 年提供专门资金设立支持绿色有机畜牧业发展的特别项目,以鼓励和帮助农场主发展绿色有机畜牧业;1997 年法国政府出台并开始实施"有机农业中期计划"。此外,从 20 世纪末开始,西方发达国家开始通过采用经济补贴的方式支持绿色有机畜牧业发展,如通过资金补贴扶持生态有机牧场和天然草场建设,或出资支持绿色有机畜产品生产或加工技术研发,也有国家通过发放经营性补贴支持生态牧场的经营等。对绿色有机畜牧业的扶持,各国采取的方式虽有不同,但均能反映出本国政府对绿色有机畜牧业发展的重视程度。

2. 加强科技转化利用,促进资源循环利用和高效转化

为提高畜牧业资源利用效率,促进畜牧业可持续发展,全球很多国家按照"整体—协调—循环—再生"的原则,采用最新科技成果降低畜牧业发展过程中的资源消耗,提高转化效率,促进资源再生和循环利用。主要表现在以下几个方面:一是通过不断培育优良畜禽品种,降低饲料资源消耗,提高饲料转

化效率，加快畜禽生长速度；二是加速科技成果转化，将最新科技成果转化成畜牧业生产过程中饲料配合、饲养管理和疫病防治等技术标准，促进养殖业全程标准化发展；三是利用最新养殖业工艺技术，促进畜牧业向低投入、高产出和高效益的集约化方向发展；四是发展循环农业，促进种养循环结合，如充分利用农作物秸秆开发技术发展节粮性畜牧业，推进畜禽粪污肥料化、能源化利用等；五是通过人工草地种植和围栏放牧，实现以草定畜和草畜平衡，防治草地掠夺式过度利用，防治草地退化，保护草地生态，促进可持续发展。

3. 加强畜牧业污染防治

畜牧业发展必然带来环境污染问题，这是全球各国发展畜牧业过程中所面临的共同问题，这一问题在畜牧业发展较快、国土面积小、人口多的国家或地区显得更为突出，其污染问题和带来的威胁更为严重。各国在治理畜牧业环境污染问题方面采取的措施主要包括以下几个方面。一是出台严格的防治污染的法律法规及标准。目前，美国、英国、俄罗斯、法国、日本、荷兰、丹麦、意大利等全球多个国家先后出台了严格的畜牧业污染防治法规及标准，对养殖场饲养规模、场址选择、污染的排放量及污染处理系统、设施和措施等方面均提出了严格的规定和要求，从而促进了本国畜牧业污染防治逐步向科学化、系列化、无污染化转变，促进了健康养殖方式的迭代升级。二是通过养殖基础的研发，提高饲养精准水平，提高饲料中氮磷等环境污染元素的吸收利用效率，减少排泄量，如通过在养殖过程中应用酶制剂、益生菌添加剂等，达到降低畜牧业污染的目的；在美国肉鸡的肉料比可达到 $1:(1.7 \sim 1.8)$，猪的饲料转化率达到 $1:(2.5 \sim 2.9)$，通过这些技术既降低了畜禽粪污的排泄量，也减少了养殖场向环境中排放的污染因子的量。三是开发和应用畜用防臭剂，以减轻畜禽排泄物及其气味的污染。四是运用生物净化技术，实现对畜禽粪污及其污水的净化与污染消除，主要是利用厌氧发酵原理，将污物处理为沼气和有机肥。五是转变观念，充分利用畜禽粪污资源，以减少养殖业环境压力，实现废物资源化的效果。目前，全球有多个国家和地区利用鸡粪加工成饲料，如美国等利用鸡粪加工的"托普蓝鸡粪饲料"已作为蛋白质饲料出售。英国和德国的鸡粪饲料进入了国际市场，猪粪也被用来喂牛、喂鱼、喂羊等。

二、我国绿色有机畜牧业发展现状

（一）我国绿色有机养殖业发展历程

20世纪末到21世纪初，随着我国养殖业持续增长，肉、蛋、奶等畜产品数量在国内相对过剩，但国产畜产品在国际交易中交易量不高，出口数量占产量的1%左右，主要原因是药残超标或卫生不合格。这些污染主要包括寄生虫、病原菌等污染，有毒有害环境物质污染，抗生素、激素残留污染，微量元素等污染及屠宰加工环节的污染等。造成这些污染的主要原因养殖规范化程度低，养殖过程、加工过程和储存过程中的监督管理不到位等。因此，改善养殖环境，规范养殖生产，提高产品质量，保障消费者健康，发展绿色有机畜牧业、提高畜牧业国际竞争力迫在眉睫。

有机畜牧业要求在畜牧业生产的过程中，禁止使用化学添加剂、抗生素、激素等，畜禽疾病的防治过程中尽量不使用容易造成残留的药物，从而提高产品品质，保障消费者的身体健康。我国有机农业始于20世纪80年代初期，到80年代末期才初步开展了有机食品基地建设、标准制定及产品出口等工作。2005年4月1日，《有机产品认证管理办法》和《有机产品》国家标准颁布实施，标志着我国有机产业进入全新阶段。在此阶段，我国新疆、内蒙古、江西、福建等省区开始着手打造有机食品产业，其中新疆生产的有机羊肉在市场上深受消费者青睐，其价格也高出普通羊肉1倍以上。相比于西方发达国家，我国有机产业起步晚，但随着人民收入的持续增加，进入21世纪以来，有机产品受到消费者热烈欢迎和各地政府的高度重视，各地政府出台了推动有机产业发展的一系列政策。

（二）我国绿色养殖业发展情况

"十三五"以来，我国畜牧业发展在面临资源要素趋紧、生产异常波动和新冠疫情等不利因素影响的逆境中着力加快生产方式转变，全面推进绿色发展，畜牧业综合生产能力、市场竞争力和可持续发展能力显著增强。2020年全国肉、蛋、奶总产量分别达到7 748万t、3 468万t和3 530万t，肉、蛋产量继续保持世界首位，奶产量稳居世界前列。畜禽养殖规模化率和机械化率分别达到67.5%和35.8%，分别比2015年提高13.6个和7.2个百分点。规模养殖发展迅速，呈现出龙头企业引领、集团化发展、专业化发展的趋势，畜牧业组织化程度和产业集中度显著提升。畜禽种业自主创新水平稳步提高，畜禽核心种源自给率超过75%，比2015年提高15个百分点。持续推进落实质量兴农战略，养殖业质量控制的源头治理、过程管控、产管结合等措施全面推行，产品质量安全保持稳定向好的态势。2020年，兽药、饲料等投入品抽检合格率为98.1%，肉蛋奶等产品抽检合格率达到98.8%。加速畜牧业布局优化调整，基本形成了养殖业与资源环境相协调的绿色发展格局，全国畜禽养殖废弃物资源化利用取得重要进展，2020年畜禽粪污综合利用率达76%，兽用抗菌药使用减量化和药物饲料添加剂退出行动取得显著成效，养殖抗菌药使用量比 2017 年下降 21.4%。

（三）制约我国畜牧业绿色发展的因素

1. 法律政策不健全的制约

法律政策是支撑和保护畜牧业绿色发展的必要保障。近年来，党中央国务院将"三农"工作作为全党和国家工作重中之重，出台了畜牧业高质量发展意见、畜禽粪污资源化利用等方面的政策和目标，为畜牧业绿色发展指明了方向和道路，但各项政策和具体措施的落实更多依靠当地政府决策，这就难免出现空谈误判或对种养政策把握不准、理解不透、执行力度不够等问题。譬如，绿色养殖投入品方面的法律法规不健全，现有很多政策或标准为指导性文件，导致投入品使用不规范，约束性不强，违规成本低，加上很多养殖户只求经济利益，对行业健康发展责任心不强等，从而严重制约了养殖业的绿色发展。

2. 绿色养殖技术创新不足的制约

长期以来，我国畜牧业很多领域的技术还是处于熟化和转化国外技术，养殖业科技投入和技术自主创新严重不足，随着我国经济的飞速发展，消费者对畜产品质量要求的不断提高，现有技术体系和结构难以满足畜牧业绿色发展的需要。这种不足主要由于长期以来，我国畜牧业以满足人民群众日益增长的畜产品的数量型需求为目标，追求数量型发展而产生的技术体系，在面临发生显著变化的发展趋势时其不足之处显而易见，如重数量轻质量、重经济轻环境、重眼前轻长远等，日积月累形成了抗生素、兽药、违禁品的滥用成灾，严重制约了畜牧业健康发展，也损害了消费者的消费信心。

3. 消费市场不规范的制约

不健全的专门化市场导致鱼龙混杂的畜产品在各类市场上随意流通，市场监管不规范导致市场上以次充好、随意贴牌等随处可见，市场信息流通不畅通，供求难以及时配位，导致在市场上难以实现畜产品的优质优价，市场价格难以准确反映产品的市场价值，严重制约了优质畜产品生产的积极性，相应的优质畜产品生产模式和生产技术体系的形成过程也受到制约。

（四）绿色发展存在的问题

经过多年的发展，我国绿色养殖在科研、技术推广、体系建设等方面都取得了一定成果，但与全面实现绿色养殖还存在很大差距，存在不少问题，主要表现在以下几方面。

1.绿色发展意识薄弱

绿色养殖的理念并未在全社会形成统一认知，一线生产人员的认识还停留在追求数量的阶段，对抗生素饲料添加剂、违禁兽药等没有正确的认识，消费者和生产者对绿色养殖的认识不足甚至错误，认为绿色养殖就是天然养殖，消费者对绿色有机产品的认知度不高，产品市场价值难以得到充分体现。养殖从业人员对新型添加剂、肠道调节剂、益生菌等没有充分认识，不重视生产环境，也不重视废弃物无害化处理和资源化利用，造成养殖环境卫生条件差，存在环境污染风险。

2.绿色农业配套制度不完善

目前，我国有关绿色食品的配套制度，尚未得到发达国家的认可与接受。一是，我国绿色食品标准的编制、认证以及管理的约束机制较弱。农牧业生产过程中标准执行不严，品质不稳定，批次间差异大，所以很难在国际市场上得到充分认可；二是，绿色养殖和产品技术标准分类简单、粗糙，指标的针对性较差；三是，在产品生产过程中全链条技术不完善，技术标准体系不完整，产品品质得不到消费者的青睐。四是，产品品质监督检测技术不够成熟，检测体系不健全，与绿色发展体系不配套。

3.绿色产品产业化发展滞后

产业化发展是养殖业发展的必然选择，没有产业化就没有养殖业的高水平发展。绿色养殖是养殖业发展的趋势和必然出路，因此绿色养殖必然也需要产业化发展的过程。当前绿色养殖在国内处于技术探索的过程，绿色养殖的技术体系尚不完善，养殖标准体系也不健全，产品的精深加工和品牌化经营也处于探索阶段，绿色养殖产业化发展还有很长的路要走。

4.环境问题突出

我国养殖业长期的粗放发展在取得畜产品供应极大丰富的同时，也积累了诸多环境问题，如兽药添加剂滥用、畜禽废弃物资源化利用水平不高、养殖区环境条件差等，这些问题与绿色养殖的要求差距甚大，如得不到很好解决，将成为制约我国畜牧业实现供给侧结构性改革、绿色发展的最大限制因素。

三、青海省绿色有机畜牧业发展现状

青海省绿色有机畜牧业是绿色有机农畜产品输出地建设的重要内容，经过多年的发展，青海省绿色有机畜牧业建设取得显著成效，截至2023年初，全省有机认证监测草原面积突破600万 hm^2，成为全国有机草原认证面积最大的省份。打造青海青稞、藜麦总部经济基地，累计认证绿色、有机和地理标志农产品1 015个，为打造绿色有机农畜产品输出地提供了得天独厚的生产条件。青海已成为全国重要的绿色有机畜牧业生产基地，累计输出牛羊肉、油料、青稞等大宗绿色产品 80 余万 t，价值 130 亿元，农畜产品出口近亿元。全省建成特色农产品生产基地 25.53 万 hm²，累计认定创建标准化规模养殖场近 1 500 家，打造 4 个万头（只）牦牛、藏羊基地，规模养殖比重达到 52%。种植燕麦、苜蓿等饲草 4.95 万 hm²，建成 28 个千亩①以上标准化饲草基地；建成百亩示范田、千亩攻关田、万亩创建田共 486 个。创建国家特色农产品优势区 5 个、国家级现代农业产业园 4 个、国家级现代农业产业集群 3 个，成为全国最大的有机畜牧业生产基地，"绿色""有机"成为青海农畜产品的金字招牌。

同时，"青"农品牌打造成效明显，青海牦牛、青稞等 16 个农畜产品区域公用品牌在央视及北上广城市发布了品牌广告；雪域丰润、三江黄金牧、杞皇等 6 个品牌入选中国农垦品牌名录；鲑鳟鱼养殖获得农业农村部绿色食品认证和出口欧洲许可，成为国内唯一获准出口的省份。草原畜牧业转型发展不断推进，216 个生态畜牧业合作社完成股份制改制，形成"龙头企业＋生态畜牧业合作社＋基地＋农牧民"生产模式。海南藏族自治州共和县、黄南藏族自治州泽库县被列为国家级草原畜牧业转型升级试点县。年推广牦牛、藏羊种畜 1.5 万头（只），细管冻精 20 万剂，大通牦牛、阿什旦牦牛、玉树牦牛等优良品种辐射到四川、西藏、甘肃、云南等地。

2021 年青海省人民政府联合农业农村部印发的《农业农村部 青海省人民政府共同打造青海绿色有机农畜产品输出地行动方案》指出，到 2025 年实现的总目标是：青海省绿色优质农畜产品生产能力显著提升，农牧业生态环境明显改善，现代农牧业产业体系、生产体系、经营体系不断健全，质量效益和品牌影响力持续提升，基本建成生态环保、特色明显、国内外知名的绿色有机农畜产品输出地。具体目标为：建成千头牦牛标准化生产基地 200 个，千只藏羊标准化规模养殖场 200 个，草畜配套生态牧场 200 个；牦牛肉、藏羊肉产量分别达到 15 万 t 和 16 万 t，累计认证绿色食品、有机农产品和地理标志农产品 1 000 个以上；牦牛、藏羊等产品率先实现原产地追溯制度，产品覆盖率达到 90% 以上；农畜产品加工转化率达到 65% 以上，农产品加工业产值与农业总产值比达到 2.4∶1；农业科技贡献率达到 61%；农牧民人均可支配收入 1.7 万元以上，培育高素质农牧民 5 万人。

---

① 1 亩约为 667m²，全书同。

第二章 环境与绿色养殖

第一节 养殖环境

一、养殖环境的认识

家畜环境作为影响家畜生产的重要影响因素,是家畜环境卫生学的研究对象。与其他自然学科的发展一样,家畜环境卫生学的产生是随着畜牧业生产发展和科学技术的进步逐步建立并不断发展的一门学科。19世纪随着自然科学的发展,环境生物学方面的研究逐渐积累,为该学科的提出奠定了基础,到19世纪末和20世纪20年代先后有学者提出了家畜机体内环境如何在变化的外界环境中保持体内平衡理论。20世纪30年代出现的应激理论为家畜环境卫生学的产生奠定了理论基础,同期苏联畜牧兽医学界为解决养殖场建设与有关空气、土壤、水和畜舍等环境问题,开展了系统研究,并以此为基础形成了一门独立的学科体系——家畜卫生学。之后的学者通过建立人工气候控制环境模拟自然气候环境变化,研究家畜环境因素变化对家畜生理生长的影响,形成了诸多影响深远的理论,推动了家畜环境卫生学的发展。20世纪70年代末,家畜环境卫生学成为一门新型的独立的完善学科,产生了一系列如《家畜生物气象学的进展》(H.D.Johnson,1976)等代表性著作,这些著作的问世提升了人们对家畜环境的认识,促进了家畜环境卫生学的持续发展。

国内关于家畜环境的记载可追溯到公元前2000年以前。殷墟出土的大批甲骨卜辞中可以看到"家""牢""宀"等的象形字。吴起所著《吴起兵法》中"夫马必居其处所,适其水草,节其饥饱,冬则温厩,夏则凉庑"的描述是关于家畜和环境关系的最早论述。

中华人民共和国成立以后,随着国营畜牧经济的发展,我国部分高等农业院校借鉴苏联经验在畜牧等相关专业开设了"家畜卫生学"课程,系统讲述外界环境对家畜生产和健康的影响及其改进措施。1964 年汤逸人等在其著作《畜牧学进展》中收录的《家畜生态学》《家畜气候生理学的进展》和《家畜用人工气候室》3 篇论文，在国内首次系统阐述了家畜与环境关系，对国内广大畜牧科技工作者进行了一次系统的教育启蒙。这个阶段的研究主要关注于空气、水、土壤等外界宏观环境因素对家畜生产和健康的影响。20 世纪后期，我国畜牧业生产集约化程度的提高和科研水平的提高，促进了家畜环境卫生学相关领域的研究的发展，主要表现在两个方面：一是，重点对各种环境因素对畜禽代谢、营养需要、生长发育、繁殖、免疫等的影响，以及机体的适应机制等，从理论方面丰富了家畜环境卫生学的内容；二是，通过研究不同设施条件下畜禽生理机能、生产性能和行为表现为畜牧业生产通过采用控制或改善环境的工程技术和管理措施提供理论依据，同时开始探索养殖废弃物环境污染问题及其处理技术和措施，这些成果促进了畜牧业生产效率，促进了畜牧业生产高效发展。进入 21 世纪以来，随着我国国民经济的快速发展和科研水平的快速提高，我们在畜禽环境与营养、应激、环境调控、养殖场设计、养殖环境检测技术和环境保护等方面的研究都获得了很大的进展。

二、养殖环境分类

家畜环境是一个复杂的体系，其分类通常按以下原则划分。

按因素所属的范围可分为：放牧环境、养殖场环境（可细分为场外和场内环境）、畜舍环境（可细分为舍内和舍外环境）和畜栏（笼）环境等。

按因素特性可分为以下几种。

物理环境：包括气温、气压、气流、气湿、热辐射、光、声、色彩、灰尘、设施、设备等，其中气温、气湿、气压、气流和热辐射等因素组成了畜禽的温热环境。畜禽温热环境与其生活生产关系最为密切，对其健康和生产性能的影响最大。

化学环境：包括空气及其包含的二氧化碳、氨、硫化氢等有害气体，消毒剂、杀虫剂、抗生素、兽药等。相对于生物环境，物理环境与化学环境也称非生物环境。

生物环境：包括畜禽生存环境中的微生物（包括体内和体外微生物）、野生动物、牧草等。

群体环境（也称社会环境）：畜禽自身以外的其他动物、管理人员以及其畜群大小、饲养密度等，严格意义上讲，群体环境也应属生物环境。

按构成环境因素可分为：空气环境、水环境、土壤环境等。按环境属性可分为自然环境和人为环境。自然环境是指那些未经人类干预或虽受人类活动影响，但仍按自然规律发挥作用的环境；人为环境指的是经人类活动改变了的环境，包括养殖场建筑物与设备、饲养管理条件、选育方法、风俗、习惯、爱好、经济情况、人口组成与分布、消费水平、国家政策法令等。随着畜牧生产集约化程度的提高，畜禽越来越脱离自然环境，基本在人为环境中生活与生产。

三、养殖环境与畜禽养殖间的作用

在畜禽养殖与环境之间存在着多种多样的相互作用。畜禽养殖生产对环境的作用主要体现在对土地、粮食及牧草等环境资源的利用、粪污尸体等养殖废弃物的环境消纳、物资运输过程中的交通物流和科学技术研发和使用。反之，环境对畜禽养殖的作用也体现在多个方面，影响养殖布局、规模、种类和方式等。环境对畜禽养殖的作用还可以分为直接作用和间接作用，如水、土地等环境条件直接作用于养殖布局和规模，科学技术、市场等社会环境因素也直接作用于养殖业布局和发展水平。

畜牧养殖对外环境的资源、排污、技术环境、管理制度、经济环境、人类许可等方面要求，畜禽养殖与环境通过自然资源因素、社会因素、经济因素、技术因素、自然环境因素等存在着多作用界面、多作用方式、多作用效果的相互作用。畜禽养殖污染物产生分为养殖产污、管理产污、治理产污三个产污环节。畜禽养殖场的布局不合理、农牧脱节、对于畜禽养殖污染物处理缺乏优惠政策、畜禽养殖发展政策与环境政策脱节是构成畜禽养殖业环境问题最主要的原因。

第二节　环境对畜禽健康的影响

如前所述，影响畜禽健康的环境条件可分为自然条件和社会条件，本节主要关注畜禽养殖场尤其是棚圈的光照、温度、湿度、通风、空气质量等环境条件，这些条件是影响畜禽健康和生产潜能发挥最直接、最可能人工控制的因素。

一、温度对畜禽健康的影响

（一）热平衡

热平衡是畜禽健康养殖的关键考虑因素，其理论和实践知识是管理和调节畜禽个体环境温度，提高养殖效益的基础。热平衡指的是畜禽个体产热速度等于散热速度，产热量与散热量的动态平衡是恒温动物保持体温恒定的前提。热平衡可用以下公式表示。

$$MT-ET-RT-DT-VT-FT-UT=0$$

式中：MT——代谢产热量；

ET——自皮肤和呼吸道的蒸发散热量；

RT——辐射的散热或得热；

DT——传导的散热或得热；

VT——对流的散热或得热；

FT——使饲料或饮水加热或冷却至体温的失热或得热；

UT——粪、尿排泄带走的热量。

在正常天气条件下，DT、VT和RT都是正值，畜禽在强烈日光下或高温环境中时，则为负值。

（二）体热调节

体热调节就是畜禽个体根据环境温度变化，通过行为、生理生化乃至解剖结构变化改变产热或散热速度将体温维持在正常范围的过程，可以分为散热调节（也称物理调节）和产热调节（也称化学调节）。畜禽借助皮肤血管的舒张或收缩，增加或减少与环境温度差距，畜禽为追求舒适寻找温暖或阴凉之处等方式属于物理调节。当物理调节不足以维持畜禽机体热平衡时，机体会改变代谢率，减少或增加体内产热，这种方式为化学调节。当两种调节失灵时，动物热平衡遭到破坏，情况严重时会影响动物健康乃至生命。

畜禽通过持续的神经调节和体液调节改变自身的产热和散热，以保持体温的相对恒定。畜禽个体通过减少产热量、增加非蒸发散热量和提高蒸发散热量等机能应对高温达到体热平衡，反之则通过减少散热量、增加产热量等机能应对低温保持体热平衡。

（三）等热区与临界温度

等热区是指恒温动物主要借助物理调节维持体温正常的环境温度范围。当气温低于等热区下限继续下降时，动物散热量增加，机体在减少散热的同时通过提高代谢效率，增加产热量，实现体温稳定；当气温高于等热区上限继续升高，增加散热的物理调节不能维持体温恒定时，畜禽必须降低代谢率来减少产热，以维持恒定体温。等热区下限临界温度是指当环境温度降低时，畜禽通过物理调节仍不能维持体温恒定而开始提高代谢率来增加产热的环境温度。若气温高于等热区上限继续上升，物理调节不能实现维持体温恒定时，畜禽必须降低代谢率来减少产热，以维持体温恒定，这种开始通过化学调节来减少产热维持体温恒定的环境温度称为等热区上限临界温度（图2－1）。

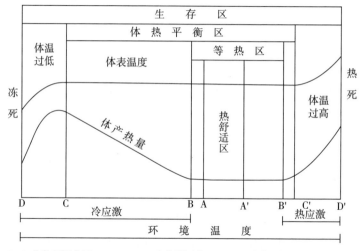

B–B'为物理调节区；B–C，B–C'为化学调节区；C–C'为体温恒定区；A–A'为
舒适区；B为临界温度；B'为过高温度。

图2–1　环境温度与畜禽体温调节的关系

（山本祯纪．家畜环境生理学，1985）

等热区是介于下限临界温度和上限临界温度间的环境温度范围。在等热区的下半部偏上有一舒适区，在舒适区畜禽代谢产热刚好等于散热，不需要通过物理调节维持体温恒定，畜禽感觉最为适宜，饲料利用率也最高，生产潜能发挥最好。等热区和临界温度是衡量畜禽耐热特征的指标，反映畜禽对热环境的适应能力，各类畜禽均有其各自的等热区。下限临界温度低说明畜禽具有较强的耐寒能力，反之说明不耐寒；上限临界温度高，说明畜禽具有较强耐热能力，反之说明畜禽不耐寒。影响畜禽等热区和临界温度的因素有动物的种类、品种、年龄、体重、被毛、皮肤、生产力水平、饲养管理、营养状况等。

（四）等热区理论在畜牧业生产中的应用

1. 在现代畜牧业生产管理中的应用

等热区为养殖场环境控制和管理提供了重要依据。根据等热区理论，根据畜禽品种和年龄等特征制定具有针对性的科学的饲养管理和环境管理方案，以最大程度发挥畜禽的生产潜能，提高养殖效率和效益。根据畜禽生产力高、等热区较低、相对耐寒不耐热的特征，这类畜禽可适当降低防寒要求，并要强化夏季防暑的措施。一般畜禽都有采食后的"热增耗"增加现象，高温情况下"热增耗"增加会加剧热应激，一般"热增耗"在进食后 1 ～ 2h 内达到高峰，为避免与高温重合加剧热应激，夏季最好在早晚气温较低时饲喂或放牧。夏季在提高饲料营养物质浓度、减少采食的情况下确保充足营养物质，从而减少采食后的"热增耗"。冬季增加畜禽养殖密度，减少低温应激。

2. 在养殖场设计中的应用

等热区相关理论从动物与环境热条件的角度阐述了不同种类和不同生产状态畜禽对环境热条件的要求。因此，在修建畜禽养殖场、设计棚圈等养殖设施时要根据养殖场养殖畜禽等热区特点进行设计，从而有利于改善或控制环境条件，为动物生长和生产创造有利条件，促进生产潜能的充分发挥，降低养殖成本，增加养殖经济效益。

3. 在动物育种中的应用

在畜牧业育种和引种的过程中，不能仅关注畜禽生产性能的选择而忽略适应性，如果引进或培育的品种不能适应目的地气候，会适得其反，造成巨大经济损失。因而，在引种和育种过程中，既要重视生产性能和产品品质，也要充分考虑适应性和抗逆性，避免因考虑不全造成盲目引种或育种。畜禽等热区和临界温度为引种或育种指标的确定提供了科学参考依据。

（五）温度对畜禽生产机能的影响

1. 对畜禽采食量及饲料利用率的影响

当环境温度在等热区内时，畜禽采食量相对恒定。环境温度高于等热区时，随着温度的升高，畜禽的采食量逐渐下降，消化率提高，当温度高到一定程度时，畜禽开始绝食。美国 NRC 研究表明，环境温度每上升 1℃，猪的日采食量减少 40g；若环境温度高于最适温度 5 ～ 10℃，猪日采食量下降 200 ～ 400g。在高温环境中，畜禽采食量下降导致营养不足是热应激中畜禽生产性能下降的直接原因。采食量下降，采食增热、代谢水平、生产能力和代谢产热都减少，有利于缓解畜禽热应激，提高其在高温环境中的生存能力。在低温环境中，畜禽的采食量增加，胃肠蠕动加快，食物在消化道停留时间缩短，食物消化率随之降低，导致采食量增加，热增耗增加，饲料转化率降低，增加养殖成本。

2. 对畜禽饮水量的影响

在高温下，畜禽饮水量显著增加。牛在2℃环境中，每天的饮水量为22.1kg，而在27℃环境中每天饮水量增加至34.7kg，环境温度达到35℃时，饮水量则增加至60.3kg。在高温环境中，畜禽增加的饮水量主要用于补充体表和呼吸造成的蒸发散热损失的水分。

3. 对畜禽繁殖性能的影响

在高温环境中，公畜性欲减退，精液品质下降，精子数量减少，活力降低，畸形比例增加，这些影响一般在高温开始后1～2周开始表现，在高温消失后，需要7～8d才能逐渐恢复。对于母畜而言，高温可使其异常发情、排卵数减少、受胎率降低。对于低温而言，在营养状况良好的情况下，低温对繁殖性能的影响较小。研究表明，过低的环境温度可抑制公鸡睾丸发育，延长公鸡精子的形成时间，母鸡性成熟有所延迟。

4. 对畜禽生长发育的影响

不同种类畜禽在不同年龄阶段适宜的环境温度不同。当环境温度高于适宜温度时生长发育减缓。在饲养条件较好的畜禽，适度低温对其生长发育速率没有显著影响，但饲料利用效率下降，饲养成本提高。过度低温会导致动物日增重降低，饲料消耗增加。

5. 对畜禽产品品质的影响

对于肉用畜禽而言，环境温度影响胴体组成。高温环境有利于脂肪沉积。高温使猪的背膘增加，瘦肉率低，但环境温度过高容易产生PSE（苍白、软、渗出性）肉。过高的环境温度也会造成胴体干物质、脂肪和能量含量的下降，蛋白质含量减少。高温造成这些影响主要因为产热减少，能量以脂肪形式沉积体内。在低温环境中，胴体瘦肉率提高，脂肪含量降低，因为低温环境中畜禽活动增加，饲料多用于产热，脂肪沉积减少。

6. 对畜禽死亡率的影响

温度对畜禽死亡率具有重要影响。高温对于热调节能力差的幼年畜禽成活率影响较大，对成年畜禽死亡率影响较小，但对成年鸡成活率具有显著影响。低温对幼年畜禽的成活率同样具有明显影响，会导致幼年畜禽失温而死亡。在饲料供应充足的情况下，低温对成年畜禽死亡率无显著影响，但饲料缺乏会导致其大量死亡。

二、湿度对畜禽的影响

（一）湿度对畜禽热调节的影响

湿度对畜禽热调节的影响体现在以下几个方面。

一是湿度对蒸发散热的影响。蒸发散热量与畜禽个体蒸发面（皮肤和呼吸道）、水蒸气气压和空气中水蒸气气压差成正相关。蒸发面的水蒸气气压决定于蒸发面的温度和潮湿度，温度越高，潮湿度越大，则水蒸气气压越大，越有利于蒸发。若空气中水蒸气气压增加，与蒸发面气压压差缩小，则不利于蒸发。

二是湿度对非蒸发散热的影响。在温度较低的环境中，非蒸发散热是畜禽个体散热的主要方式，非蒸发散热越少越有利于低温时畜禽个体的热调节。在低温环境中，空气湿度越大，非蒸发散热越大。

三是湿度对产热量的影响。在适宜的温度环境中，湿度高低对产热没有影响，但在高温高湿度的环境中，蒸发散热受到抑制，代谢率也随着降低，产热减少。低温环境中高湿度可以促进非蒸发散热，加剧畜禽的冷应激，增加产热量。

四是湿度对热平衡的影响。在适宜的温度环境中，湿度对畜禽个体热平衡的影响不大。在高温环境中，湿度增加使畜禽个体蒸发散热降低，体温增加。在一定的低温环境中，湿度对畜禽热平衡影响不明显。过低温度环境中的高湿度会加大热调节负荷。

（二）湿度对畜禽生产力的影响

高温高湿环境不利于动物的繁殖活动，生长发育速度明显下降，奶牛的采食量、产乳量、乳脂率和蛋鸡产蛋量也出现显著下降。在适宜温度和低温环境中，相对湿度对畜禽的繁殖活动、生长发育及产乳家畜的产乳性能影响较小。

（三）湿度对动物健康的影响

高湿环境为病原微生物、寄生虫等的生长繁衍和传播提供了条件，发病率提高，且有利于疾病传播。例如，在高温高湿环境中，猪瘟、猪丹毒和鸡球虫病容易发病。在低温高湿环境中，畜禽易患感冒、支气管炎、肺炎等呼吸道疾病。但在温度适宜的环境条件下，高湿度的环境空气清洁，有利于呼吸道疾病的防治和控制。在湿度过低的环境中，空气过分干燥，若遇高温天气，容易诱发皮肤或外露黏膜干裂，降低防卫能力，易发呼吸道疾病。湿度过低容易引起家禽羽毛生长不良和互啄癖。

三、气流对畜禽的影响

（一）气流对畜禽热调节的影响

在适宜的温度条件下，气流可以促进非蒸发散热（主要是对流散热）。在适宜温度和低温条件下，若温度保持恒定，随着气流速度的增加，非蒸发散热也增加。当气流速度不变，随着温度的升高，气流对非蒸发散热的作用降低。当气流速度与皮肤温度相同时，气流对非蒸发散热的作用消失。在适宜或低温环境中，若机体产热不变，气流速度增加，则皮肤蒸发散热反而减少。在适宜温度条件下，气流速度增加对产热没有影响。在高温条件下，气流速度增加使产热量降低。在低温环境中，增大气流速度则显著增加产热。

（二）气流对畜禽生产力的影响

在低温环境中，增加气流，畜禽生长发育速度降低，蛋鸡产蛋率下降。当环境温度低于18℃时，气流速度由0m/s增加至0.5m/s，仔猪生长率和饲料利用率下降15%～25%。在适宜温度环境中，增加气流速度，会增加畜禽采食量，但生长发育速度不变。在高温条件下，气流速度的增加，可促进畜禽生长发育速度，提高蛋禽产蛋量和产奶家畜产奶量。如在气温为32.7℃、湿度为47%～62%的环境中，气流速度由1.1m/s提高至1.6m/s，蛋鸡的产蛋率可提高1.3%～18.5%。

（三）气流对畜禽健康的影响

在适宜的温度条件下，气流速度大小对畜禽健康的影响不明显。在低温高湿环境中，增加气流速度，会导致畜禽关节炎、冻伤、感冒和肺炎等疾病。在低温高湿环境中，增加气流速度，会使仔猪、雏禽、羔羊等幼龄畜禽死亡率增加。

四、光照对畜禽的影响

光照对畜禽的影响一方面是太阳辐射的时间和强度直接影响其行为、生长发育、繁殖和健康；另一方面通过作用于气候、饲料作物间接影响动物的生产和健康。光照射到生物体上，一部分被反射，一部分被吸收进入动物体内，还有一部分被生物体进一步吸收，转变为其他形式的能量，引起光热效应、光化学效应和光电效应。光照被吸收的数量与进入深度呈反比。波长越短,被物体吸收得越多,进入深度越小。在所有光线中,紫外线的进入深度最小,红外线穿透力最强。格罗萨期·德雷柏定律指出,光线只有被吸收后,才能引起各种效应。因此,紫外线引起效应最强,可见光次之,红外线最低。

紫外线具有杀菌消毒的作用,其杀菌作用取决于波长、辐射强度和作用对象对紫外线的抵抗力,在相同的强度和时长下,波长 253.7nm 的紫外线杀菌作用最强。紫外线照射能使动物皮肤中的 7- 羟脱氢胆固醇转变为维生素 D_3,使植物和酵母中的麦角固醇转变为维生素 D_2,这两种维生素具有促进畜禽肠道钙和磷吸收的作用,因此紫外线照射具有抗佝偻病的作用。紫外线抗佝偻病的最佳波长为 280 ～ 295nm。此外,用波长 280 ～ 340nm 的紫外线每天照射 2 ～ 3h,可提高畜禽的生产力。据报道,对 2 500 只成年母鸡进行紫外线照射,鸡的产蛋量提高 15.9%,后又在其他地方重复试验,发现鸡的产蛋量提升均在 18.1% 以上。

可见光作用于动物即可引起光热效应和光化反应,可见光的生物学作用与光的波长、照射强度及周期有关。据报道,红光具有充血作用,蓝光和绿光具有镇定作用,黄色光和绿色光对畜禽最为适宜。红光可延迟鸡的性成熟,使产蛋量增加,受精率下降;红光也可以延长小母猪性成熟时间。红光、蓝光、绿光和黄光照射能促进鸡的生长,降低饲料利用率。

五、气压对畜禽的影响

气压随着海拔高度的上升而降低。各地由于地形和空气温度不同,气压分布也不尽相同。气温越高,气压越低。气压变化是造成天气变化的原因,但这种变化对动物几乎没有影响。但从海边到高原地区,气压呈几何级下降,氧分压也迅速下降,导致肺泡氧分压下降,动脉血氧饱和度降低,导致畜禽皮肤和口腔、鼻腔、耳部等黏膜血管扩张,甚至破裂,机体疲乏和精神萎靡,呼吸和心跳加快等反应。如果将畜禽从高海拔地区迁移至低海拔地区,需经历一段时间的过渡适应期,才能适应高气压的环境。这些影响在畜牧业生产引种过程中需进行充分考虑,以免造成不必要的损失。

第三节 水对畜禽的影响

水是畜禽养殖最重要的环境条件之一,是有机体重要的组成成分,也是体内各种生理活动的必需物质,还是各种微量元素的重要供给来源。饮用不达标的水，轻者会影响畜禽生产，重者会影响畜禽健康，甚至导致畜禽死亡。因此，改善饮水卫生对发展畜牧业极为重要。

水在地球上分布广泛，能够被畜禽利用的淡水可分为地下水、地表水和降水，三者相互转换，相互补充，形成了自然界的水循环，驱动着自然界的繁荣兴衰。地表水是指江、河、湖中的水，由降水汇集形成。其水质和水量容易受到外界条件的影响，特别容易受到各种污水的污染。近年来，因水污染造成的伤人，伤畜事件屡见不鲜。地下水是降水和地表水经过地层的渗滤储积而成，受污染机会较少，水质较好，且水量稳定，是最好的水源。但地下水容易受到地质化学成分影响，硬度偏大，有些地区的地下水矿物质严重超标，容易引起地方病。自然降水时，降水由于降落时吸收了空气中的杂质及可溶性气体等容易受到污染。降水不容易收集，储集困难，水量受季节影响大，因此除严重缺水地区外，不建议作为人畜饮用水水源。

一、水污染对畜禽的影响

1. 有机物污染

不经处理排放的生活污水、食品工业污水等含有大量有机物，排出量大，污染范围广。这些有机物在水中，先是含氮类有机物被好氧微生物降解为硝酸盐类无机物，并将水中氧气耗尽，此时水中其他有机物被厌氧微生物降解为甲烷、硫化氢、硫醇之类的恶臭物质，使水质恶化，不适宜作为人畜饮用水。这种水氧含量低，水体混浊，对水生动物生命造成严重影响。此外，粪污、生活污水中含有某些病原微生物和寄生虫，饮用会造成疾病传播和流行。

2. 微生物污染

水源被微生物污染后，可引起如猪丹毒、猪瘟、副伤寒、布鲁氏菌病、炭疽病等传染病的传播和流行。造成污染的主要原因是生病或带病畜禽的排泄物、尸体和养殖场污水，以及屠宰场、皮革厂等企业排出的废水。天然水源具有很强的自净作用，一次污染一般不会造成持久影响，但大量长期的污染则容易造成严重影响。

3. 有毒物质污染

水体污染的常见有毒无机物质包括铅、汞、砷、镉、铬、镍、铜、锌、氟、氰化物以及各类酸和碱等。有机毒性物质包括酚类物质、聚氯联苯、有机氯农药、洗涤剂、石油和有机酸等。这些物质通过工业废水排放、过度使用的农药、地层中富含上述物质等。这些物质造成的水体污染导致水体水质恶化、妨碍水体自净作用和引起中毒。此外还有致癌物质污染、放射性物质污染等容易造成水体水质不符合饮用水标准，导致无法饮用。

二、饮用水的质量要求

畜禽饮用水水质要求可以参考现行有效文件《无公害食品 畜禽饮用水水质》（NY 5027-2008）执行，畜禽饮用水水质安全指标见表2-1。

表 2-1 畜禽饮用水水质安全指标

项目		标准值	
		畜	禽
感官性状及一般化学指标	色	≤ 30°	
	混浊度	≤ 20°	
	臭和味	不得有异嗅、异味	
	总硬度（以 $CaCO_3$ 计），mg/L	≤ 1 500	
	PH	5.5～9.0	6.5～8.5
	溶解性总固体，mg/L	≤ 4 000	≤ 2 000
	硫酸盐（以 SO_4^{2-} 计），mg/L	≤ 500	≤ 250
细菌学指标	总大肠菌群，MPN/100mL	成年畜 100，幼畜和禽 10	
毒理学指标	氟化物（以 F^- 计），mg/L	≤ 2.0	≤ 2.0
	氰化物，mg/L	≤ 0.20	≤ 0.05
	砷，mg/L	≤ 0.20	≤ 0.20
	汞，mg/L	≤ 0.01	≤ 0.001
	铅，mg/L	≤ 0.10	≤ 0.10
	铬（六价），mg/L	≤ 0.10	≤ 0.05
	镉，mg/L	≤ 0.05	≤ 0.01
	硝酸盐（以 N 计），mg/L	≤ 10.0	≤ 3.0

三、养殖场的用水量

养殖场用水包括人的生活用水、生产用水和消防、灌溉用水等。生活用水包括职工饮用、洗衣、洗澡等日常用水，人均消耗量因生活水平、卫生设施、季节及气候而异，一般每人每日 20～40L。畜禽用水包括畜禽饮水、饲料调制、畜体刷洗、食槽及用具、畜舍清扫等消耗用水。畜禽用水量见表2-2。

表 2-2　畜禽每日用水量　　　　单位：升／［天·头（只）］

畜禽种类	需水量
肉牛	22 ～ 66
奶牛	38 ～ 110
绵山羊	4 ～ 15
马	30 ～ 45
猪	11 ～ 19
家禽	0.2 ～ 0.4

第四节　土壤对畜禽的影响

　　土壤是影响畜禽健康和生产性能的基本外界环境。土壤的地质通过影响养殖场和棚舍小气候对畜禽生产和健康造成影响。土壤的化学组成影响地下水和地表水，影响植物的化学成分和品质，并通过影响水质和植物成分影响畜禽的健康和生产性能。比如，在某一地区，土壤中某些矿物质元素含量超标或缺失往往会引起相应地方病的流行。土壤如果被有毒化学物质污染，也会导致畜禽的疾病。此外，土壤也是寄生虫、病原微生物等的滋生之处，并通过水和饲料导致畜禽寄生虫病或传染病。

一、土壤的卫生学意义

　　土壤是由土壤颗粒和颗粒间的空隙所组成，一般可分为石砾、沙粒、粉沙粒和黏粒。根据地质和物理性质将土壤分为沙土类、黏土类和壤土类。土壤组成比较复杂，含有多种常量元素和微量元素，这些元素与畜禽的健康关系密切。土壤中的常量元素有钙、磷、镁、钾和钠等，这些元素是动物饲料中重要的组成成分，缺乏会引起相应的缺乏症。土壤质地及其有机质含量极大地影响着土壤中微量元素含量。地势、降水、气候等自然因素也影响土壤微量元素的含量。此外，工业废弃排放或利用，农田施肥，特别是微量元素肥，可使大量微量元素进入土壤。微量元素在畜禽体内含量很低，但具有重要作用。体内微量元素异常，会导致某些代谢问题。如长期缺碘会使畜禽甲状腺肿大，基础代谢率下降；氟不足容易引发龋齿，摄入过度会引起中毒，出现斑釉齿及氟骨症。

微量元素在畜禽生产中不仅用来预防和治疗各类缺乏症，也用于提高畜禽的生产性能，衡量微量元素与畜禽健康和生产性能的关系需注意：一是畜禽觅食范围有限，饲料种类和来源有限，微量元素的来源对土壤的依赖性高，有些地区土壤中微量元素不足不一定引起人的地方病，但会在畜禽群体中表现出来；二是畜禽体内微量元素含量与土壤、饲料、水等外界环境中微量元素含量有关，也与机体的吸收、调节、蓄积和排出能力有关，在微量元素分布异常的地区，不同畜禽的易感性和发病率也有所不同；三是畜禽体内微量元素之间存在协同或拮抗的作用，不能孤立考虑某种微量元素的多与少，应综合考虑微量元素之间的相互关系；四是研究和确定畜禽微量元素需求和补给标准时，需考虑所在地区土壤的成分。

二、土壤污染对畜禽的影响

大量排入空气的工业废气、烟尘中还有许多有毒有害物质落入土壤造成污染。如氟从大型化工厂排放到大气，再到土壤富集造成污染，进入畜禽体内后引起中毒。农药和化肥的不当使用，造成土壤污染，通过水和饲料进入动物体内并蓄积于中枢神经系统和脂肪组织，达到一定程度会造成畜禽中毒，表现为畜禽神经应激显著增加。畜禽生产及人类生活垃圾含有大量有机物及有毒有害物质，不当排放容易造成土壤污染，其中病原微生物会引起人畜共患病。此外，放射性物质污染土壤会诱发基因突变，导致癌症，破坏腺体，加速牲畜死亡，还可能残留于畜产品危害人类。

第五节　绿色养殖投入品

一、绿色养殖投入品要求

畜禽绿色养殖投入品要求主要包括以下几个方面。

1. 安全环保

绿色养殖投入品应遵循环保、安全的原则，不对环境造成污染，不对动物和人类健康产生危害。

2. 质量可靠

绿色养殖投入品应具备良好的品质和稳定性，保证养殖动物的健康成长，提高生产效率。

3. 可追溯性

绿色养殖投入品应具备可追溯性，确保产品从生产到使用的全过程可监控、可追溯，提高产品安全性。

4. 无抗养殖

绿色养殖投入品应尽量减少抗生素、激素等药物的使用，提倡无抗养殖，提高产品品质和安全性。

5. 动物福利

绿色养殖投入品应关注动物福利，提高养殖动物的生存环境，降低动物疾病发生率，提高生产效率。

6. 可持续发展

绿色养殖投入品应遵循可持续发展原则，提高资源利用效率，降低能源消耗，减少废弃物排放，保护生态环境。

7. 法律法规

绿色养殖投入品应符合国家法律法规和相关标准，确保产品合法、合规、安全、可靠。

8. 技术创新

绿色养殖投入品应不断进行技术创新，提高产品性能和环保性能，降低生产成本，促进产业升级。

满足上述要求的畜禽绿色养殖投入品，有助于提高养殖业的质量和安全性，降低对环境的负面影响，促进可持续发展。

二、绿色养殖饲料投入要求

（一）使用原则

安全优质原则：在生产过程中，饲料和饲料添加剂的使用应对养殖动物机体健康无不良影响，所生产的动物产品品质优，对消费者健康无不良影响。

绿色环保原则：绿色食品生产中所使用的饲料和饲料添加剂应对环境无不良影响，在畜禽和水产动物产品及排泄物中存留量对环境也无不良影响，有利于生态环境和养殖业可持续发展。

天然原料原则：提倡优先使用微生物制剂、酶制剂、天然植物添加剂和有机矿物质，限制使用化学合成饲料和饲料添加剂。

（二）饲料原料

植物源性饲料原料应是已通过认定的绿色食品及其副产品；或来源于绿色食品原料标准化生产基地的产品及其副产品；或按照绿色食品生产方式生产，并经绿色食品工作机构认定基地生产的产品及其副产品。动物源性饲料原料只应使用乳及乳制品、鱼粉，其他动物源性饲料不应使用；鱼粉应来自经国家饲料管理部门认定的产地或加工厂。进口饲料原料应来自经过绿色食品工作机构认定的产地或加工厂。宜使用药食同源天然植物。

（三）饲料添加剂

饲料添加剂和添加剂预混合饲料应选自取得生产许可证的厂家，并具有产品标准及其产品批准文号。进口饲料添加剂应是具有进口产品许可证及配套的质量检验手段，经进出口检验检疫部门鉴定合格的产品。饲料添加剂的使用应根据养殖动物的营养需求，按照中华人民共和国农业部公告第1224号的推荐量合理添加和使用，尽量减少对环境的污染。不应使用药物饲料添加剂（包括抗生素、抗寄生虫药、激素等）及制药工业副产品。矿物质饲料添加剂中应有不少于60%的种类来源于天然矿物质饲料或有机微量元素产品。具体见表2-3。

表2-3 绿色养殖允许使用的矿物质饲料添加剂种类

类别	通用名称	适用范围
矿物元素及其络(螯)合物	氯化钠、硫酸钠、磷酸二氢钠、磷酸氢二钠、磷酸二氢钾、磷酸氢二钾、轻质碳酸钙、氯化钙、磷酸氢钙、磷酸二氢钙、磷酸三钙、乳酸钙、葡萄糖酸钙、硫酸镁、氧化镁、氯化镁、柠檬酸亚铁、富马酸亚铁、乳酸亚铁、硫酸亚铁、氯化亚铁、氯化铁、碳酸亚铁、氯化铜、硫酸铜、碱式氯化铜、氧化锌、氯化锌、碳酸锌、硫酸锌、乙酸锌、碱式氯化锌、氯化锰、氧化锰、硫酸锰、碳酸锰、磷酸氢锰、碘化钾、碘化钠、碘酸钾、碘酸钙、氯化钴、乙酸钴、硫酸钴、亚硒酸钠、钼酸钠、蛋氨酸铜（螯）合物、蛋氨酸铁络（螯）合物、蛋氨酸锰络（螯）合物、蛋氨酸锌络（螯）合物、赖氨酸铜络（螯）合物、赖氨酸锌络（螯）合物、甘氨酸铜络（螯）合物、甘氨酸铁络（螯）合物、酵母铜、酵母铁、酵母锰、酵母硒、氨基酸铜络合物（氨基酸来源于水解植物蛋白）、氨基酸铁络合物（氨基酸来源于水解植物蛋白）、氨基酸锰络合物（氨基酸来源于水解植物蛋白）、氨基酸锌络合物（氨基酸来源于水解植物蛋白）	养殖动物

（续表）

类 别	通用名称	适用范围
矿物元素及其络（螯）合物	蛋白铜、蛋白铁、蛋白锌、蛋白锰	养殖动物（反刍动物除外）
	羟基蛋氨酸类似物络（螯）合锌、羟基蛋氨酸类似物络（螯）合锰、羟基蛋氨酸类似物络（螯）合铜	奶牛、肉牛、家禽和猪
	烟酸铬、酵母铬、蛋氨酸铬、吡啶甲酸铬	猪
	丙酸铬、甘氨酸锌	猪
	丙酸锌	猪、牛和家禽
	硫酸钾、三氧化二铁、氧化铜	反刍动物
	碳酸钴	反刍动物
	乳酸锌（α-羟基丙酸锌）	生长育肥猪、家禽
	苏氨酸锌螯合物	猪

注：所列物质包括无水和结晶水形态。

（四）饲料和饲料添加剂的使用

使用的饲料原料和饲料产品应来自非疫区，无腐败变质，未受农药或各类病原体污染，符合《饲料卫生标准》（GB 13078—2017）。应当严格按照绿色养殖要求使用饲料。在饲料或者动物饮用水中添加饲料添加剂的，应当符合饲料添加剂使用说明和注意事项的要求，遵守国务院农业行政主管部门制定的饲料添加剂安全使用规范。养殖者使用自行配制的饲料的，应当遵守国务院农业行政主管部门制定的自行配制饲料使用规范，并不得对外提供自行配制的饲料。禁止在饲料、动物饮用水中添加国务院农业行政主管部门公布禁用的物质以及对人体具有直接或者潜在危害的其他物质，或者直接使用上述物质养殖动物。禁止在反刍动物饲料中添加乳和乳制品以外的动物源性成分。

1. 绿色养殖允许使用的动物源性饲料

（1）绿色食品动物养殖允许使用的动物源性饲料包括骨粉、骨炭、虾壳粉、蛋壳粉、羽毛粉、血粉、血浆粉、鱼粉、鱿鱼肝粉、鱿鱼粉、乌贼粉、鱼精粉、干贝精粉、鱼油、鱼膏、虾粉、动物油渣、乳粉、肉粉、蚕蛹等。

（2）动物源性饲料主要是由动物的组织或器官作为原料加工而成，加工过程中细菌繁殖会很快，而且也会存在携带病毒传染的问题，所以动物源性饲料的生产条件要求比较高。根据中华人民共和国农业农村部所颁发的《动物源性饲料产品安全卫生管理办法》，企业一定要达到多项指标才能领取到生产许可证。

（3）禁止经营、使用未取得"动物源性饲料产品生产企业安全卫生合格证"的动物源性饲料产品。也不能使用无进口产品登记证的动物源性饲料产品，在反刍动物饲料中不能使用动物源性饲料产品，但乳及乳制品除外。

2. 绿色食品动物生产的基本原则

（1）建立和实现农业生态系统的良性循环。农业生态系统是由绿色植物、动物、微生物、非生物环境4个组分构成，绿色植物会通过光合作用，将太阳能转化为化学能，然后将其合成有机物质，这样就可以为动物、微生物提供生存能量来源。

（2）形成和保持综合可持续生产能力。如果想要稳定发展绿色食品生产，一定要确保当代人和后代对绿色食品的需求，必须在绿色食品产地形成综合、可持续的生产能力，要求其产地合理地开发利用当地资源，种、养、加多业结合。

（3）依靠先进的科学技术。绿色食品生产追求的目标是高效益、无污染，而且生产过程在尽量减少能源消耗、化学物质投入的前提下进行。为了保持和不断提高绿色食品生产水平，一定要在传统农业、有利于保护生态环境的农艺技术基础上，更多地依靠先进科学技术成果。

三、绿色养殖兽药及饲料药物投入要求

治疗、预防、诊断和有目的地调节动物生理机能的物质称为兽药。主要包括兽用生物制品、兽用化学药品和兽用中药三大类。养殖业常规用的兽用疫苗，包括在兽用的生物制品中，抗生素属于兽用的化学药品，双黄连口服液等是兽用中药产品。在这些产品中影响食品安全最重要的兽药之一是抗生素类，常规称兽用抗菌药。这一类产品是抑制或杀灭细菌等病原微生物的一类药物，目前有60余个品种，主要分为化学合成类抗菌药物和微生物发酵类抗生素。

（一）基本要求

绿色食品是产自优良生态环境、按照绿色食品标准生产、实行全程质量控制并获得绿色食品标志使用权的安全、优质食用农产品及相关产品。鉴于食品安全和生态环境两方面影响因素，在动物性绿色食品生产中对兽药使用具有明确的规范和要求。产地环境质量符合绿色食品标准的要求，生产过程中遵循自然规律和生态学原理，协调养殖业的平衡，不使用化学合成的兽药及饲料药物，产品质量符合绿色食品产品标准。用于预防、治疗、诊断动物疾病，或者有目的地调节动物生理机能的兽药要符合绿色养殖标准规定。

（二）坚持原则

生产者应供给动物充足的营养，应按照绿色养殖要求提供良好的饲养环境，加强饲养管理，采取各种措施以减少应激，增强动物自身的抗病力。应按《中华人民共和国动物防疫法》的规定进行动物疾病的防治，在养殖过程中尽量不用或少用药物；确需使用兽药时，应在执业兽医指导下进行。所用兽药应来自取得生产许可证和产品批准文号的生产企业，或者取得进口兽药登记许可证的供应商。兽药的质量应符合《中华人民共和国兽药典》《兽药质量标准》《兽用生物制品质量标准》《进口兽药质量标准》的规定。兽药的使用应符合《兽药管理条例》和农业部公告第278号等有关规定，建立用药记录。

（三）兽药选择

优先使用AA级绿色食品所规定的兽药，优先使用农业部公告第235号中无最高残留限量（MRLs）要求或农业部公告第278号中无休药期要求的兽药。可使用国务院兽医行政管理部门批准的微生态制剂、中药制剂和生物制品。可使用高效、低毒和对环境污染低的消毒剂。

（四）兽药及饲料药物的使用

绿色养殖实施处方用药，内容包括药用名称、剂量、使用方法、使用频率、用药目的，处方须经过监管的职业兽医签字审核，确保不使用禁用药和不明成分的药物，领药者凭用药处方领药使用，并接受动物防疫机构的检查和指导。兽药使用单位，应当遵守国务院兽医行政管理部门制定的兽药安全使用规定，并建立用药记录。禁止使用假、劣兽药以及国务院兽医行政管理部门规定禁止使用的药品和其他化合物。有休药期规定的兽药用于食用动物时，饲养者应当向购买者或者屠宰者提供准确、真实的用药记录；购买者或者屠宰者应当确保动物及其产品在用药期、休药期内不被用于食品消费。经批准可以在饲料中添加的兽药，应当由兽药生产企业制成药物饲料添加剂后方可添加。禁止将原料药直接添加到饲料及动物饮用水中或者直接饲喂动物。禁止将人用药品用于动物。

第六节　绿色养殖技术

绿色养殖技术概念是一种可以让人与自然和谐共存的养殖方式，其中强调的是环保、可持续性以及健康食品的生产。绿色养殖技术的使用能减少养殖业对环境的影响,增加养殖生产效益,改善产品品质,深受市场和消费者的欢迎。总体来说,绿色养殖技术主要包括以下几个方面的技术。

一、生态循环利用技术

生态循环利用技术是绿色养殖的关键技术之一,旨在实现养殖废弃物的资源化利用,降低环境污染,提高资源利用率。生态循环利用技术主要包括以下几个方面。

1. 粪污处理与利用

粪污是养殖废弃物中最主要的部分。通过固液分离、发酵、制肥等过程,将粪污转化为有机肥料,用于种植业、园林绿化等,实现资源循环利用。

2. 废水处理与利用

养殖废水中含有大量的氮、磷等营养物质。通过厌氧、好氧生物处理、膜处理等技术,将废水中的营养物质转化为可用于农业灌溉的水资源,实现废水的资源化利用。

3. 废气处理与利用

养殖废气中含有氨气、硫化氢等有害气体。通过生物过滤、吸附、催化氧化等技术,去除废气中的有害气体,实现废气的净化处理。

4. 病死畜禽无害化处理

对于病死畜禽,采用高温消毒、生物降解等技术,进行无害化处理,防止疾病传播,减少环境污染。

5. 资源综合利用技术

利用养殖废弃物产生沼气、生物质能等可再生能源,实现养殖废弃物的多样化利用。

二、高效饲料技术

高效饲料技术是一种绿色养殖技术,旨在提高饲料利用率,降低生产成本,提高养殖效率。高效饲料技术主要包括以下几个方面。

1. 饲料营养配方技术

根据不同养殖动物的品种、生长阶段、生产性能等,合理搭配饲料原料,保证饲料中的蛋白质、能量、矿物质、维生素等营养成分达到最佳比例,满足养殖动物生长需求,提高饲料转化率。

2. 饲料加工技术

采用先进的饲料加工设备，通过粉碎、混合、制粒等工艺，改善饲料品质，提高饲料的适口性和消化率。

3. 饲料添加剂技术

利用酶制剂、益生菌、寡糖等绿色饲料添加剂，改善养殖动物消化道环境，提高饲料利用率，促进生长性能。

4. 替代原料利用技术

研究开发新型饲料原料，如昆虫蛋白、微生物蛋白、植物蛋白等，替代传统饲料原料，降低饲料成本，提高饲料可持续性。

5. 精准饲喂技术

利用现代化信息技术对养殖环境进行实时监测，根据动物生长状态和需求，精确调整饲料投喂量、时间、次数等参数，提高饲料利用率和生产效率。

6. 低碳排放饲料技术

研发低碳排放的饲料产品，降低养殖过程中温室气体排放，减少环境污染。

三、智能化养殖技术

智能化养殖技术是指通过运用现代科技手段，提高养殖业的生产效率和管理水平，实现养殖过程的智能化、精细化和自动化。这种技术融合了传感器技术、物联网技术、大数据分析技术和人工智能技术等，可用于养殖场的环境监测、饲料投喂、疾病预警和防治、生长状况监测等方面。

智能化养殖技术的特点和优势主要包括如下。

1. 提高生产效率

通过自动控制系统和传感器设备，可以实时监测养殖场的环境参数，如温度、湿度、光照等，并根据预设条件自动调节，确保养殖动物处于适宜的环境中，从而提高生产效率。

2. 降低劳动强度

智能化养殖技术可以代替人工完成许多烦琐的工作，如饲料投喂、环境监控等，降低劳动强度，节约人力成本。

3. 提高养殖质量

通过实时监测养殖动物的生长状况，可以及时发现问题，并采取相应的措施，提高养殖质量。

4. 减少资源浪费

智能化养殖技术可以优化饲料投放量，根据养殖动物的生长需求进行精确投放，减少饲料浪费，降低生产成本。

5. 提升环保水平

智能化养殖技术可以监测养殖场的环境污染状况，并根据需要自动调节，降低对环境的负面影响。

综上所述，智能化养殖技术是现代科技与养殖业相结合的产物，具有广阔的发展前景。随着科技的不断发展，智能化养殖技术将在未来发挥越来越重要的作用。

四、病虫害防治技术

养殖病虫害防治技术是指在养殖过程中，采取一定的措施预防和控制病虫害的发生和蔓延，以保证养殖动物的健康生长，提高养殖效益。病虫害的防治技术主要包括以下几个方面。

1. 环境控制

改善养殖场的环境条件，如温度、湿度、通风等，以减少病虫害的发生。

2. 免疫接种

定期对养殖动物进行疫苗接种，提高其免疫力，预防疾病的发生。

3. 药物防治

在病虫害发生时，按照规定使用药物进行防治，如抗生素、杀虫剂、消毒剂等。

4. 生物防治

利用天敌、微生物等生物来防治病虫害，如利用寄生蜂防治害虫、利用微生物制剂抑制病原菌等。

五、清洁能源技术

养殖清洁能源技术是指在养殖生产过程中，采用环保、节能、高效的技术，以降低能源消耗、减少环境污染、提高生产效率。这一技术可以在保证养殖业可持续发展的同时，提高养殖产品的质量和安全性。以下是一些养殖清洁能源技术的例子。

1. 沼气技术

利用畜禽粪污、作物秸秆等有机废弃物，通过厌氧发酵产生沼气。沼气可以替代传统能源（如煤、天然气等），用于发电、供热、烹饪等，从而减少化石能源的使用，降低环境污染。

2. 太阳能技术

利用太阳能光伏发电系统为养殖场提供电力，减少对传统能源的依赖。太阳能还可以用于加热畜禽舍、干燥饲料等。

3. 风能技术

利用风力发电机发电，为养殖场提供清洁能源。风能可以与太阳能结合，组成风光互补发电系统，提高供电的可靠性。

4. 地热能技术

利用地下热水、土壤热能等热能，为养殖场提供供热或冷却。地热能具有稳定、可持续的特点，可降低对化石能源的依赖。

5. 水处理技术

采用生物滤池、人工湿地等生态处理技术，对养殖废水进行净化处理，实现废水资源化利用。

6. 智能养殖技术

运用现代信息技术手段，对养殖场进行智能化管理，实现精准饲喂、环境控制、疾病预警等功能，提高生产效率和养殖产品质量。

推广和应用养殖清洁能源技术，有助于实现养殖业的绿色、可持续发展，提高养殖业的综合效益，促进农村经济发展。同时，也有助于减少环境污染，保护生态环境，提高人类生活质量。

第七节　绿色养殖典型案例

一、种养结合智能化生态健康养羊汉羊模式

江苏汉羊牧业生态科技有限公司占地400余亩（1亩≈667m²），主营业务包括生态养殖和无公害果蔬种植，其中生态养羊基地160亩，无公害水果蔬菜种植基地240亩。公司按照打造国内一流智慧化、生态化种养结合农业示范园目标，建成现代化高标准羊舍25 000m²、智能化饲料加工车间以及科研办公展示综合楼。现存栏繁殖母羊10 000只以上。该模式主要的经验总结为以下几个方面。

（一）智能化管理

通过建设"4+1"模式，实现羊场生产管理智能化，一方面通过智能自动化提升生产效率，降低生产成本，另一方面通过计算软件对羊场各管理模块实

现数据交互和数据集成，对羊场全部数据进行挖掘。设施大棚区将温度、湿度以及灌溉通过现代化设施进行优化替代，极大地节省了人工以及管理成本，也实现农业产品的品质和口感标准化。

（二）"牧-沼-果"绿色养殖链

养殖业产生的粪污用于生产有机肥，有机肥用于改良流转土地，在改良的土地上种植有机蔬菜、水果。通过采用发酵罐厌氧发酵技术，将养殖废弃物输入储存池经过厌氧发酵和有氧发酵，发酵后产生沼气、沼渣和沼液。沼液经过稀释后可用于灌溉施肥，使土壤更加疏松和肥沃，实现土壤改良。

（三）TMR 精准饲喂

根据日粮配方制作投料单，采用 TMR 搅拌车智能监测终端、铲车智能监测终端、实时移动管理终端，集成各终端数据，通过自建网络系统，将实际 TMR 加工及饲喂添加情况实时通过管理系统软件反馈至管理者，保证配方日粮、投喂日粮、采食日粮 3 种日粮的一致性。该系统从羊群、棚舍到饲料、配方全流程打通，实现对羊群从料单，到下料，再到实际采食的全流程监控。不仅可以提供投料单饲料合并、顺序调整、加水量监控等精细化控制功能，满足各种差异场景，使投料更灵活，还可以在棚舍出入口提供电子标签采集 TMR 车进、出羊舍的重量变化，支持一车料投多个羊舍的场景。

基地内建有 50 亩生态综合体，打造以现代化羊场为主体、集农业观光采摘、羊文化体验馆、欢乐园、羊肉主题餐饮服务等为主线的休闲娱乐旅游产业。在产、学、研结合上与高校及科研院所进行技术合作，成立以国家团队为主导的联合协会和湖羊研究院，创建国家湖羊养殖标准，培育国家级湖羊纯繁育种核心群，重点研发产品质量和产业发展，确保为广大消费者提供质量可控、可追溯的绿色生态优良食品和优质服务。通过制定发布规模化养殖设施装备配套技术规范，推进畜种、养殖工艺、设施装备集成配套，加强养殖全过程机械化技术指导，大力推进养殖全程机械化。巩固提高饲草料生产与加工、饲草料投喂、环境控制等环节机械化水平，加快解决疫病防控、畜产品采集加工、粪污收集处理与利用等薄弱环节机械装备应用难题，构建区域化、规模化、标准化、信息化的全程机械化生产模式（来源于江苏省农业农村厅官网，http://nynct.jiangsu.gov.cn）。

二、滨海温氏畜牧有限公司种养结合循环利用模式

滨海温氏畜牧有限公司第二种猪生产基地位于五汛镇青龙村和通济村，占

地面积 479 亩，建筑面积 59 000m²，现存栏能繁殖母猪 5 680 头，年出栏猪苗 12 万头。场区实施"雨污分流""干湿分离"，猪场产生的新鲜猪粪约 5 000t/年，含水率 65%。粪污采用干清粪工艺将粪污单独清出、运输和污水处理系统产生的沼渣经过畜禽粪污立式发酵罐形成有机肥半成品，每年产生有机肥约 3 000t。猪尿液、清洗废水和职工生活污水等通过专门密闭管道收集运输送到场内污水处理设施，经猪场污水设施处理站"广工大两级 AO 工艺"处理达标后进行氧化塘暂存后生产回用、场内绿化及周边农田灌溉。第二种猪生产基地在猪场周边租赁 350 亩农田并铺设管道种植稻麦两季，按照农作物需要进行灌溉与施肥。种养结合，不仅使粪污处理无害化、资源化，而且改良了土壤、培育了地力、配套了有机肥、提高了农产品品质，实现了经济效益、生态效益双丰收，是一条畜禽业发展方式转型之路。

（一）液体废弃物处理工艺流程

猪尿液、清洗废水和职工生活污水等液体废弃物处理以生化处理技术为核心工艺，采用 USR+ 改良型 Bardenpho 工艺（二级 A/O 串联的方式）为主导，确保各项指标的稳定达标。具体工艺流程：污水—集水池—固液分离机—调节池—USR—初沉池—两级 AO 池（两段皆采用活性污泥法）—二沉池—斜极除磷沉淀池—消毒池/清水池—达标排放（生产回用、场内绿化及周边农田灌溉）。工艺流程如图 2-2 所示。

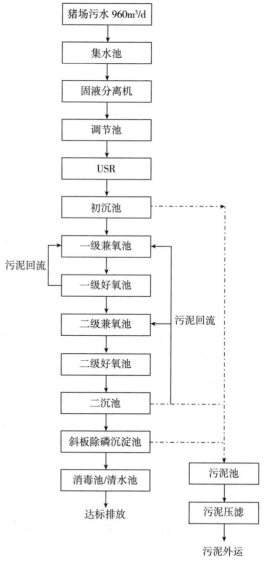

图 2-2　液体废弃物处理工艺流程

（二）固体废弃物处理工艺流程

猪粪和沼渣等固体废弃物通过畜禽粪污发酵处理机处理，畜禽粪污发酵处理机为立式封闭罐体结构，采用高温好氧发酵原理。畜禽粪污直接投入该设备内，当温度、水分、氧量等条件合适时，微生物大量繁殖，并分解废弃有机物中含有的有机物。通过微生物的合成及分解过程，把一部分被吸收的有机质氧化成简单的无机物，生产有机肥。工艺流程如图 2-3 所示。

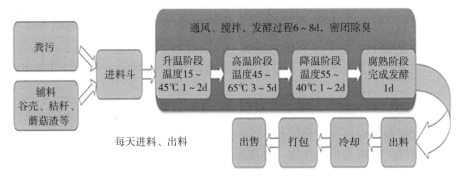

图 2-3 固体废弃物处理工艺流程

①本设备采用的是立式封闭罐体结构，节约占地面积，降低设备安装对面积的要求。整个设备结构分为 3 个部分，下部基座部分包含液压站、风机及大推力液压搅拌轴等；中部为双层隔热罐体、设备自动控制系统、单侧基肥导出装置等，罐体内外壁采用不锈钢板，有效地延长罐体寿命和降低腐熟料残留，中间有聚氨酯发泡剂填充的保温层；上部由风雨棚、检修平台及排风设施等装置构成。附属设备有热交换装置、自动翻斗提升机、废气过滤系统装置。

②本设备对粪污进行好氧性高温发酵。粪污含水量高于 70% 时使用锯末、木屑等辅料调节水分，发酵罐下部的搅拌叶片进行连续送风，并可根据发酵状态调整送风量，创造出好氧性微生物适宜繁殖的良好环境，使之繁殖旺盛。同时因有搅拌叶片可使发酵物料通气性提高，保证产品质量的均一性。本机器通常运行时温度在 65℃ 左右。

③本设备处理周期为 10～12d，出料直接为优质有机肥，含水量约为 30%，可直接装包、销售。设备占地面积小，操作简单，没有污水和臭气的排放，是一种新型环保的粪污处理设备。

（三）运作模式

猪场在周边租赁 350 亩用于稻、麦两季种植的农田，猪粪经立式发酵罐高温好氧发酵后，制成优质有机肥作为农田底肥施用，经处理达标后的沼液在灌溉期通过管道输送至田间地头利用。同时，已建立了从土壤检测、土地翻耕、灭茬、播种、有机肥还田、农灌水灌溉、除草除虫、收割等一整套操作流程规范和完善的资源化利用台账。

（四）效益分析

公司流转 350 亩农田用于资源化利用，土地租金 1 100 元/亩，合计 38.5 万元/年；种植农机费用 11 万元/年；种子、药剂、人工等合计约 45 万元/年，检测成本约 0.5 万元/年，合计总费用约 95 万元/年，给当地农民增收 300/亩；一年两季从播种、施肥、农机、运输、人工等环节，带动当地老百姓增收约 12 万元。粪污资源化利用后，每亩每年可节约化肥 80 斤，一年可节省费用 4.2 万元。

畜禽粪污种养结合循环资源化利用模式的推广，对当地农村产业结构调整起到积极的促进作用。该项目实施有效解决了猪场粪污处理遇到的难题，对周边环境保护起到了积极作用。滨海温氏畜牧有限公司将继续探索粪肥的资源化利用工作，跟进资源化利用土地种植效果，检测跟踪各地块土壤成分变化，探索资源化利用后猪场污水处理系统运行方案和处理程度，最大限度降低运营成本，继续创新资源化利用种植物种，最大限度地消纳粪水和保护土地资源（该模式材料来自盐城市农业农村局官网，http://snw.yancheng.gov.cn）。

三、海晏县高原藏区牦牛繁育养殖专业合作社"4+"种草养畜经营模式

青海省海晏县高原藏区牦牛繁育养殖专业合作社（以下简称合作社）成立于 2010 年，注册资金 100 万元，后增资到 1 000 万元，现有社员 11 户，带动建档立卡贫困户 60 户；建有占地 50 亩的牦牛养殖场，现存栏牦牛 1 400 头，其中基础母牛 400 头、犊牛 180 头，年出栏牦牛 1 500 头，实现销售收入 1 600 万元、纯利润达到 180 万元；建有 3 000 亩饲草种植基地，年产鲜草 1 500t、青干草 1 700t，带动农户年增收近 300 万元，为国家级示范社和省级农牧民专业合作社示范社。合作社经过多年探索形成经济效益高、带动能力强的"4+"种草养畜模式。

（一）"养殖＋种植"，循环发展有特色

海北地区的资源气候条件非常适合发展牦牛养殖和燕麦草种植等产业。

合作社立足于当地资源优势，以循环经济为纽带，以生态涵养为中心，依托当地牦牛养殖、饲草种植等传统产业基础，高标准探索形成"养殖＋种植"有效融合的绿色循环发展新格局。

一是建设标准化牦牛繁育场。合作社在州、县、乡三级党委政府关怀下，科学规划养殖场区布局，建成涵盖繁殖区、育肥区、饲草料区、办公区、防疫区、粪污处理区等"六区"的标准化养殖场；积极引入现代化养殖管理技术，打造融合人工授精、分群饲养、配方饲喂、科学防疫和品种改良于一体的标准化牦牛繁育体系；严格实施科学化疫情防治，实现了口蹄疫、牛出败、炭疽、牛副伤寒等的程序化免疫和布鲁氏菌病、结核病等的覆盖式监测与防控。

二是提升饲草供应能力。合作社初步建成 3 000 亩燕麦草规模化种植基地，聘用专职人员进行管护；与周边农户签订燕麦草收购合同，保障养殖场饲草供应；引入青贮发酵技术、分群饲喂技术、TMR 混料技术，推动饲草料的高效利用；购置拖拉机、割草机、打捆机、铡草机、粉碎机、青贮取料机、TMR 混料撒料机等专业机械，实现饲草管理、收割、加工等全程机械化操作。

三是构建种草养畜循环体系。合作社注重发挥示范带动作用，落实草场生态补偿机制，打造饲草和畜禽废弃物利用的有机循环模式：燕麦草经青贮发酵后直接供应牦牛养殖，降低饲草耗费成本，牦牛粪污经无害化处理后直接还田草场，保障养殖废弃物资源化利用，有效实现燕麦草种植和牦牛养殖的互联互通，促进区域内生态环境保护和持续改善。

（二）"繁殖＋育肥"生产经营有效益

合作社以保障牦牛产业安全、品种安全、质量安全为目标，按照生态优先、绿色发展的原则，探索推行"繁殖＋育肥"标准化舍饲养殖模式，实现了经济效益与生态效益的有机融合。

一是全面发展舍饲养殖。合作社基于标准化圈舍饲喂养殖，立足牦牛提质增效与生态环境保护相统一，着力缓解牧区经济发展与高原生态脆弱的矛盾，努力减轻过度放牧导致的生态失衡和环境破坏，推动周边牦牛养殖由粗放式、分散式向集约化、规模化转变，大幅度提高牦牛养殖效益。全舍饲养殖在饲料投入、基础设施投入等方面虽然明显高于放牧，但是技术应用率、饲料转化率更高，同等养殖时间内牦牛增重更多、体况更优，出栏牛在交易市场上更具竞争优势。据考察，牦牛全舍饲养殖至 1.5 岁出栏，每头牛相较放牧养殖成本约增加 2 800 元，销售收入增加 9 500 元左右，实际纯收入大概增加 2 000 元。

二是积极发展牦牛繁育。合作社瞄准基础母牛存栏不足和繁殖效率低下的产业痛点，立足多年行业探索和科技积累，将牦牛繁育作为主营业务，在种牛培育、品种改良、人工授精上做足、做好文章,推动母牛培育技术集成、安格斯犏牛生产性能测定、犏牛犊牛早期断奶技术推广、牦牛人工授精技术示范等项目高效落地,完善牦牛标准化养殖体系。

三是适度发展牦牛育肥。合作社综合权衡育肥成本和经济效益,与下游屠宰加工企业(青海夏华清真肉食品有限公司)签订销售订单,适度开展公牦牛、安犏牛育肥业务,单牛经全舍饲育肥养殖12个月出栏,纯利润分别可达到2 646元和7 720元,较放牧养殖分别提高2 000元和6 000元,显著提高了育肥养殖效益,有效加快了合作社资金周转,大大提高了出栏牛的品质、价值和市场竞争优势。

(三)"合作社+农户",互利共赢有保障

合作社以牦牛养殖场和牧草生产基地为示范平台,将自身打造成助农增收的组织者和引领者,将牦牛养殖和饲草种植打造成农牧户增收致富的主导产业,引领社员和周边非社员养殖户扩大规模、优化结构、发展种养循环,提升标准化、规范化饲养和种植水平,实现双方、多方互利共赢。

一是向牦牛从业者提供服务。合作社依托母牛繁育业务、防疫队伍和实用技术示范推广,向养殖户提供人工授精、疫病防治、种牛售卖、成年牛交易等服务,向民间技术人员、牦牛养殖大户、中小型合作社开展技术培训服务,积极推动区域内牦牛品种品质持续改善和疾病防治互联互通,努力构建区域内良种繁育体系和技术服务体系。2020年,合作社带动100户农牧民开展"放牧+补饲"牦牛母畜养殖试验,牦牛养殖实现户均增收超2万元。

二是与饲草种植户签订规范化服务合同。合作社与有流转意向的农户签订土地租赁合同,以高于当地市场价30～40元/亩向农户支付流转费用,户均流转30亩,额外收入1 000元左右;与有种植意向的农户签订收购合同,按照不低于市场价格收购燕麦草,2020年收购青贮草1 500t,青干草300t,直接带动亩均增收100元。

(四)"就业+分红",脱贫攻坚有担当

合作社按照产业扶贫、就业帮扶、带动贫困户参与现代农业发展的思路,探索推行"就业+分红"专业帮扶模式,促进贫困地区经济、社会、生态的可持续发展和贫困群众稳定脱贫作出突出贡献。

一是就业扶贫。依托牦牛养殖场、饲草种植基地的标准化、规范化生产经营管理,为有劳动能力的建档立卡贫困户提供就业岗位和就业机会,合作社年度用工2 000人次以上,在就业扶贫方面发挥了积极作用。

二是分红扶贫。按照合作社规章制度约定，为 60 户建档立卡贫困户预留股份，年底每户分红 1 000 元，其中 1 户特困户分红 6 000 元，贫困户稳定性收入持续增加，其生产、生活水平得到进一步巩固和提高。合作社还制定计划继续探索牦牛入股、代养寄养等模式，引导农牧户组建村级合作社，推动脱贫攻坚与乡村振兴有效衔接（该模式材料来自中国农网，www.farmer.com.cn）。

四、广元市勤丰种养殖专业合作社模式

在"返乡创业"政策感召下，为回馈故乡，带领乡亲共同致富，2012 年利州区金鼓村几位在外打拼的村民一同在广元市利州区龙潭乡金鼓村三组组织成立了广元市勤丰种养殖专业合作社。通过近 9 年的发展，该合作社成为集生态种养、休闲农业和乡村旅游为一体的综合性农民专业合作社，吸纳当地农户 201 户 968 人（其中贫困户 80 户 316 人），拥有生产性种植面积 2 600 余亩，年肉牛存栏和出栏量分别达到 480 余头、800 余头，年接待游客 80 000 余人次，为当地特色产业发展、脱贫攻坚、乡村振兴作出了巨大贡献，被评为"国家级示范合作社""省级示范合作社""广元市农业产业扶贫示范社""利州区 2016 和 2017 年度脱贫攻坚工作优秀新型经营主体"和"利州区就业扶贫基地"，并获得市"邮储杯"农村乡土人才助力脱贫攻坚创新创业大赛金奖。

（一）聚焦融合发展方向，延伸产业增收链条

广元市勤丰种养殖专业合作社以农业供给侧结构性改革为契机，按照"以农促旅，以旅兴农"的现代都市农业发展思路，大胆探索一二三产业融合发展模式。合作社立足龙潭乡金鼓村优美的自然环境资源禀赋，大力发展生态种养，依托集农业观光、餐饮、住宿、休闲娱乐、农耕文化展示等功能为一体的四季绣生态农庄，发展乡村旅游观光农业，推行"草－菜－牛"生态种养餐饮运营模式，不断延伸拓展从生产源头到消费终端的农业产业链。养殖场产生的粪污资源，通过发酵等技术手段加工成有机肥，无偿提供给农户使用。同时，合作社以市场价回收农户种植的畜草和蔬菜，加工成优质粗饲料喂养肉牛，最后菜和牛都成为供应"四季绣生态农庄"的绿色食品。四季绣生态农庄被评为四川省四星级森林人家、四川省森林康养基地、四川省省级休闲农庄、四星级乡村酒店。通过"基地＋农庄"的农旅融合模式延伸拓展农业产业链，广元市勤丰种养殖专业合作社每年创造固定就业岗位 40 多个、季节性岗位 100 余个，年带动周边群众务工 6 000 余人次，有效解决了当地村民就业问题，为当地乡村振兴汇聚了人力资源，实现了经济、社会、生态的多重效益。

（二）推行多元抱团模式，带动产业规模发展

为进一步提升自身抵御市场风险的能力，做大做强农业特色产业的"蛋糕"规模，广元市勤丰种养殖专业合作社采取了"合作社+公司+种养大户+农户"的抱团合作模式。合作社负责牵头对接联系有农产品需求的公司（超市、食堂、网店），并与公司（超市、食堂、网店）签订农产品供销订单，然后合作社再与种养大户、农户签订购销合同，鼓励农户按一定比例超额完成自身合同目标任务，合作社根据市场行情和总的订单额度，按动态价格（但不低于保底收购价）收购全部目标任务外的农产品，这样既保护了农户利益，又充分调动了农户发展生产的积极性，有利于实现产业规模发展，进一步促进"一村一品"特色产业格局的形成。在此种模式的带动下，广元市勤丰种养殖专业合作社在当地共发展露地蔬菜种植 140 余亩、优质牧草种植 220 余亩，花卉、绿化苗木 60 亩，带动周边 200 余户发展蔬菜牧草种植、50 余户发展肉牛养殖，实现合作社成员以及周边农户户均增收 6 500 元以上。

（三）构建完善帮扶机制，带动农户脱贫奔康

广元市勤丰种养殖专业合作社在设置股权分红时，为激发成员里贫困户的脱贫致富信心，将政策财政补贴 100 余万元资金，以每户 1.25 万元均等量化给合作社中 80 户贫困户。同时合作社还设置了一条温暖人心的帮扶带动规定，即"无论合作社当年收益如何，每户贫困户均能得到 625 元保底分红"。2016—2020 年共计为 80 户贫困户分红 27.888 万元，户均分 3 486 元，部分贫困户务工收入可达 3 000～30 000 元。同时，合作社流转盘活当地集体闲置校舍及周边集体资源，开发乡村旅游，实现合作社和村集体经济组织"双赢"，带动金鼓村集体经济组织年实现经营收入 3 万元以上，有力带动当地集体经济发展，助力农户致富奔康。如今，在广元市勤丰种养殖专业合作社的带动下，合作社中 80 户贫困户已稳定脱贫，大部分家庭有了小楼房、小轿车，金鼓村以及周边 4 个村 50% 以上的村民都已回乡就业，家家建起了水泥房，户户通上了水泥路。

创业有起点，事业无终点。广元市勤丰种养殖专业合作社充分依托资源优势、地域优势和市场优势，以创新促创业，探索出一条带动群众增收致富奔康之路，坚定不移走现代都市农业发展之路，推动农村一二三产业融合发展，大力发展现代农业，实现小农户与现代农业的有机衔接，以现代农业引领乡村产业振兴（该模式材料来自广元市农业农村局官网 http：//nyncj.cngy.gov.cn）。

第三章 畜禽粪污资源化利用概述

第一节 畜禽粪污资源化利用的重要性

　　动物在其生命的过程中都要不断地排放粪污，生态系统中包括生产者、消费者和降解者，一种生物在生命过程中产生的废物对另一种生物而言却可能是其赖以生存的资源或者是其他营养物质的来源。有畜禽养殖就有畜禽粪污产生，就有养殖废弃物。之所以十几年前畜牧业生产中很少提及养殖废弃物资源化利用，根本原因在于养殖规模，以农户散养为主的养殖规模较小，相应产生的养殖废弃物也较少。在化肥等农业资源紧缺条件下，畜禽粪污是农业生产不可或缺的生产资料，拾粪作为肥料和燃料利用是农村牧区的普遍现象。随着农牧业生产条件不断改善，现代化畜牧业生产技术推广应用，标准化、机械化水平日益提高，畜禽养殖规模不断扩大，畜禽养殖废弃物产生量也急剧增加，而养殖场粪污处理基础设施以及处理技术不能与之匹配，同时，农业生产中畜禽粪污作为肥料的使用量减少，化肥使用量增长，养殖废弃物不能得到合理处理和利用，成为农村及部分牧区环境治理的一大难题，造成了巨大的环保压力，畜禽规模养殖污染防治被列入畜牧业发展的前置性条件，《畜禽规模养殖污染防治条例》（2013 年第 643 号国务院令）于 2014 年 1 月 1 日起施行。

　　2016 年 12 月 21 日，中共中央总书记、国家主席、中央军委主席、中央财经领导小组组长习近平主持在中央财经领导小组第十四次会议上强调，加快推进畜禽养殖废弃物处理和资源化，关系农村 6 亿多居民生产生活环境，关系农村能源革命，关系能不能不断改善土壤地力，治理好农业面源污染，是一件利国利民利长远的大好事。2017 年 5 月 31 日，国务院办公厅印发了《关于加快推进畜禽养殖废弃物资源化利用的意见》（国办发〔2017〕48 号），明确将资源化利用相关指标纳入各省绩效考核。随后，国家和省级层面相关文件政策密集出台，畜禽粪污资源化利用工作步入快车道。

第二节 术语与定义

一、畜禽粪污

指在畜禽养殖生产过程中产生的废弃物，主要包括动物的粪、尿、垫料、冲洗水、降温用水及滴漏的饮用水、饲草料残渣、动物毛屑、动物尸体和臭气等。一般指畜禽排泄物及其与水形成的混合物。根据其存在形态可以分为固体粪污和液体粪污。

二、有机肥料

主要来源于植物和（或）动物，经过发酵腐熟的含碳有机物料，其功能是改善土壤肥力、提供植物营养、提高作物品质。

三、腐熟度

指堆肥过程中有机物经过矿化、腐殖化达到稳定的程度。

四、种子发芽指数

以黄瓜或萝卜（未包衣）种子为试验材料，在有机肥料浸提液中培养，其种子发芽率和种子平均根长的乘积与在水中培养的种子发芽率和种子平均根长的乘积的比值。用于评价有机肥料的腐熟度。

五、无害化处理

利用高温、好氧、厌氧发酵或消毒等技术使畜禽粪污达到卫生学要求的过程。

六、猪当量

猪当量指用于衡量畜禽氮（磷）排泄量的度量单位，1头猪为1个猪当量。

1 个猪当量的氮排泄量为 11kg，磷排泄量为 1.65kg。按存栏量折算：100 头猪相当于 15 头奶牛、30 头肉牛、250 只羊、2 500 只家禽。生猪、奶牛、肉牛固体粪污中氮素占氮排泄总量的 50%，磷素占 80%；羊、家禽固体粪污中氮（磷）素占 100%。

七、生物需氧量

生物需氧量（BOD），是指在一定条件下，微生物分解存在于水中的可生化降解有机物所进行的生物化学反应过程中消耗的溶解氧的数量。通俗理解是指在一定条件下，微生物能吃掉的有机物量（消耗的氧量）。单位用 mg/L 表示。它是反映水中可生物降解的有机污染物含量的一个综合指标。如果进行生物氧化的时间为 5d 就称为五日生化需氧量（BOD5），相应地还有 BOD7、BOD10、BOD20。

八、化学需氧量

化学需氧量（COD），又称化学耗氧量，是指利用化学氧化剂（如高锰酸钾）将水中可氧化物质（如有机物、亚硝酸盐、亚铁盐、硫化物等）氧化分解，然后根据残留的氧化剂的量计算出氧的消耗量。COD 是表示水质污染度的重要指标。它反映了水中受物质污染的程度，化学需氧量越大，说明水中受有机物的污染越严重。COD 以 mg/L 表示，根据 COD 值，水质可分为五大类，其中一类和二类 COD ≤ 15mg/L，基本上能达到饮用水标准，数值大于二类的水不能作为饮用水，其中三类 COD ≤ 20mg/L、四类 COD ≤ 30mg/L、五类 COD ≤ 40mg/L 属于污染水质，COD 数值越高，污染就越严重。COD 用重铬酸盐回流法、高锰酸钾法、分光光度法、快速消解法、快速消解分光光度法五大检测方法进行检测。

九、产排污系数

畜禽污染物产生系数简称产污系数，是指在正常技术和管理条件下，一定时间内单个畜禽所产生的原始污染物量。

畜禽污染物排放系数简称排污系数，是指在正常技术和管理条件下，经污染治理设施处理后削减或未经削减，在一定时间内单个畜禽养殖场所排放到环境中的污染物量。

十、畜禽粪污土地承载力

畜禽粪污土地承载力是指在土地生态系统可持续运行的条件下，一定区域内耕地、林地和草地等所能承载的最大畜禽存栏量。畜禽粪污土地承载力及规模养殖场配套土地面积测算以粪肥氮养分供给和植物氮养分需求为基础进行核算，对于设施蔬菜等作物为主或土壤本底值磷含量较高的特殊区域或农用地，可选择以磷为基础进行测算。区域畜禽粪污土地承载力等于区域植物粪肥养分需求量除以单位猪当量粪肥养分供给量（以猪当量计）。

十一、好氧发酵

在一定的温度、湿度、碳氮比和通风等条件下，依靠好氧微生物的生物降解作用，使粪污中的有机物被降解，使之矿质化、腐殖化和无害化的过程。发酵过程中微生物分解有机物产生热能，使堆体温度不断上升，杀灭病原微生物、寄生虫卵及杂草种子，并使水分蒸发，实现畜禽粪污稳定化、无害化、减量化。

十二、厌氧发酵

在断绝与空气接触的条件下，依赖兼性厌氧菌和专性厌氧菌的生物化学作用，对畜禽粪污中的有机物进行生物降解的过程。厌氧消化过程分成两个阶段，即酸性发酵阶段和碱性发酵阶段。在分解初期，产酸菌的活动占主导地位，有机物被分解成有机酸、醇、二氧化碳、氨、硫化氢等，由于有机酸大量积累，pH值随之下降，故把这一阶段称作酸性发酵阶段。在分解后期，产甲烷细菌占主导作用，在酸化发酵阶段产生的有机酸和醇等被产甲烷细菌进一步分解产生甲烷和二氧化碳等。

第三节 国内外畜禽粪污生产与资源化利用概况

一、国内畜禽粪污资源化利用情况

（一）畜禽粪污生产情况

2003 年按照猪存栏 6.58 亿头，牛 1.81 亿头，羊 3.41 亿只，马（驴、骡）0.2 亿匹，肉鸡 58.61 亿只，蛋鸡 25.77 亿只，鸭、鹅合计 30.24 亿只，兔 3.19 亿只饲养量计算，我国畜禽粪污产生量约为 31.90 亿 t，超过当年固体废弃物 10.00 亿 t 的总量。

2007 年度，第一次全国污染源普查，农业源（不包括典型地区农村生活源）中主要水污染物排放（流失）量：化学需氧量（COD）1 324.09 万 t，总氮 270.46 万 t，总磷 28.47 万 t，铜 2 452.09t，锌 4 862.58t。养殖专业户和规模化养殖场生猪出栏 5.59 亿头，肉牛出栏 2 299.7 万头，奶牛存栏 1 242.2 万头，蛋鸡存栏 21.6 亿只，肉鸡出栏 77.6 亿只。畜禽粪污产生量为 2. 43 亿 t，尿液的产量达到 1. 6 亿 t，COD 排放量达到 1 268.26 万 t、占农业源的 95.78%；总氮排放量达到 102.48 万 t、占农业源的 37.89%；总磷排放量达到 16.04 万 t，占农业源的 56.34%。

2017 年度，第二次全国污染源普查，农业源水污染物排放量：COD 1 067.13 万 t，氨氮 21.62 万 t，总氮 141.49 万 t，总磷 21.20 万 t。农业源中，畜禽养殖业水污染物排放量：COD 1 000.53 万 t，占农业源的 93.76%；氨氮 11.97 万 t，占农业源的 55.37%；总氮 59.63 万 t，占农业源的 42.14%；总磷 11.97 万 t，占农业源的 56.46%。在养殖业中，畜禽规模养殖场水污染物排放量：COD 604.83 万 t，占养殖业总量的 60.45%；氨氮 7.50 万 t，占养殖业总量的 67.23%；总氮 37.00 万 t，占养殖业总量的 62.05%，总磷 8.04 万 t，占养殖业总量的 67.17%。养殖业化学需氧量、总氮和总磷排放强度较"一污普"分别削减了 21.11%、41.81% 和 25.39%，但污染物排放占比仍然较高，畜牧业化学需氧量、氨氮排放分别占农业源水污染物排放总量的 93.76%、51.29%。根据农业农村部畜牧兽医司和全国畜牧总站统计，2017 年全国生猪出栏 7.02 亿头，牛出栏 4 340.3 万头，奶牛存栏 1 079.8 万头，蛋鸡存栏 14 亿只（2016 年底网络），肉鸡出栏 77.6 亿只。

随着养殖规模的不断扩大，我国畜禽粪污的年排放量在 1988 年只有 18.8 亿 t，到了 1998 年增长至 35 亿 t，到 2020 年这个数字已经涨到了 42.44 亿 t。

（二）畜禽粪污资源化利用情况

截至 2021 年底，全国畜禽粪污综合利用率超过 76%，规模养殖场设施装备配套率达到 97%，分别比 2015 年提高 16 个和 47 个百分点，基本解决了规模养殖场畜禽粪污直排问题，畜禽养殖污染状况明显改善。

周海宾等通过对中国 190 个县（市区）2 589 个养殖场的调研表明，畜禽规模养殖场清粪方式以干清粪为主，占养殖场总数的 89.40%，采用水冲粪和水泡粪工艺的分别占 6.27% 和 2.70%。其中，生猪养殖场采用干清粪、水冲粪、水泡粪工艺的分别占 85.18%、10.35% 和 4.47%，奶牛、肉牛、肉羊、肉鸡、蛋鸡养殖场基本采用干清粪工艺。固体粪污处理普遍采用堆（沤）肥处理，占养殖场总数的 89.44%，液体粪污处理主要采用厌氧发酵和贮存发酵等技术，分别占 41.59% 和 39.09%。固体粪肥主要用于基肥，施肥量一般为 1.5 ～ 75 t/hm²，平均为 48.3 t/hm²，施用方式以人工施肥为主，占比达到 94.5%，液体粪肥主要用于基肥和追肥，施肥量一般为 4.5 ～ 300 t/hm²，平均值为 130.5 t/hm²，粪肥施用主要有漫灌、喷灌、滴灌和注入式施肥等类型，占比分别为 76.47%、14.62%、5.70% 和 3.21%。施肥季节一般在春季播种前和秋季收获后。宣梦等发现，生猪、奶牛、肉牛养殖粪污主要以贮存发酵后农用为主，占比均在 75% 以上，而蛋鸡、肉鸡养殖粪污生产有机肥的比例达到 65% 左右。

粪肥就地就近广泛应用于果菜茶等经济作物，全国年施用面积超过 4 亿亩次，为耕地提供有机质 5 500 万 t。以畜禽粪污为主要原料的商品有机肥产量达到 3 300 万 t，占全国商品有机肥产量的 70%。截至 2020 年底，以畜禽粪污为主要原料的专业化大中型沼气工程 3 084 个，年产气量达到 11.4 亿 m³，大幅提升了畜禽粪污集中处理水平和清洁能源集中供应能力。探索形成了"果（菜、茶）沼畜"种养循环模式和沼气集中供气、发电并网等可持续盈利运营模式。沼气工程实现年处理畜禽粪污 2 亿 t，可替代 180 万 t 标准煤，减排二氧化碳当量 486 万 t。

（三）高原放牧地区养殖粪污综合利用情况（以青海为例）

青海是青藏高原重要组成部分，面积 72 万 km²，约占青藏高原总面积的 26%。天然草场面积 4 193.3 万 hm²，其中可利用草场 3 866.7 万 hm²，耕地面积 58.6 万 hm²。家畜以牦牛和藏羊为主。2022 年，青海牦牛存栏 600 万头，藏羊存栏 1 200 万只，牦牛藏羊存栏量占青海家畜总量的 90%。牦牛和藏羊养殖方式以放牧为主，产生的粪尿90%以上在自然放牧过程中还草利用，冬春季节在圈舍存留的少量粪污70%以上作为牧民日常生活的燃料被利用。

据养殖场直联直报信息平台显示，2022年，青海省畜禽存栏量2 712.35万头（只），畜禽粪污产生量为6 263.95万t，畜禽粪污利用量为5 557.4万t，畜禽粪污综合利用率为88.72%。其中，规模养殖场畜禽存栏量31.48万头（只），规模养殖场畜禽粪污产生量为94.23万t，规模养殖场畜禽粪污利用量为84.06万t，畜禽粪污综合利用率为89.2%。规模养殖场畜禽存栏量仅占全省畜禽存栏量的1.16%，粪污产生量占1.5%，利用量占1.5%。从地区看，青海省东部农业区的西宁市和海东市畜禽存栏量为458.77万头（只），占全省畜禽存栏总量的16.91%，畜禽粪污产生量为1 111.44万t，占全省畜禽粪污总量的17.74%，畜禽粪污利用量为966.9万t，占全省畜禽粪污利用总量的17.4%，东部农区畜禽粪污综合利用率为87%。海南藏族自治州、海北藏族自治州、海西蒙古族藏族自治州、黄南藏族自治州、果洛藏族自治州、玉树藏族自治州6个牧区州畜禽存栏量、畜禽粪污产生量、畜禽粪污利用量分别占全省总量的83.09%、82.26%、82.6%，禽粪污综合利用率为89.34%。其中，黄南藏族自治州、果洛藏族自治州、玉树藏族自治州的禽粪污综合利用率均达到90%以上。

（四）规模以下养殖户粪污资源化利用情况（以青海为例）

据调查统计，2021年，青海省年出栏50头以下的生猪散养户70 000多户，年出栏生猪25.32万头，占全省年出栏量的44.43%。存栏2 000只以下的蛋鸡场（户）散户约770户，蛋鸡年存栏量3.94万只，约占全省蛋鸡存栏的3%；年出栏2 000只以下的肉鸡散养场（户）约6 300户，肉鸡年出栏量28.7万只，约占全省肉鸡年出栏量的34%；年出栏50头以下的肉牛（牦牛）场（户）16.34万户，肉牛年出栏量达到131万头，约占全省总量的64%，以牧区放牧养殖为主；年出栏500只以下的肉羊养殖（户）约14.59万个，年肉羊出栏652.82万，约占全省总量的88.4%，主要集中在六州牧区，以天然放牧饲养为主。奶牛养殖集中在青海东部农业区，年末存栏50头以下的奶牛场（户）27 913个，存栏奶牛10.40万头，占全省奶牛年末存栏86.31%。奶牛、肉牛（牦牛）、羊的散养比重高，养殖方式落后。粪污处理与资源化利用，80%以上散养户采用人工干清粪、覆土堆积发酵形式春季作为基肥还田利用，少部分用于冷季煨炕、烧火做饭和取暖等。

二、国外畜禽粪污资源化利用情况

20世纪40年代初，国外就开始研究畜禽粪污的资源化利用，为解决规模化养殖场的粪污处理问题研发了各种处理技术和设备。据报道，加拿大对粪污进行循环处理，制成有机肥料，禁止将养殖场废弃污水直接排入河流，同时要求养殖场必须有足够的土地消纳产生的畜禽粪污，若没有足够的土地进行粪污消纳，则必须与其他农场主签订粪污处理合同，以实现畜禽粪污的全部利用，各地都针对当地实际情况制定了细致的管理技术标准，要求养殖场必须严格按照标准进行管理。荷兰要求畜禽粪污集中进入化粪池，目前荷兰养殖场的密度已经超过区域内土地利用粪污的承载能力。欧盟规定畜禽粪污用作肥料过程中产生的氨气等气体必须经过处理才可排放。在欧洲，鸡粪禁止用作饲料，需要发电厂与农场主签订粪污处理合同上门收集鸡粪。美国是农业高度机械化的国家，主要通过农牧结合的方式来对液体粪污进行资源化利用。美国的大多数农场属于农牧结合型农场，可以有机调节种植和养殖的比例，形成生态良性循环，从而降低养殖对环境造成的污染；英国与美国类似，养殖场都在远离都市的乡村地区，以农牧结合的方式对粪污进行无害化处理和资源化利用。英国法律规定种猪场内种猪不超过 500 头，育肥场内育肥猪的数量不得超过 3 000头，蛋鸡不得超过 7 000 只，这样可以使畜禽污染从源头得到一定的缓解。与美国和英国相比，意大利探索了沼气发电模式，既能解决畜禽粪污污染问题，还能用于小规模的电力供应。当地政府规定养殖液体粪污在还田前必须先与饲养、生活、生产用水等排放到粪沟中，然后在储粪池中进行 2 个月的厌氧发酵，杀灭其中的有害微生物，最终才能还田。德国与意大利一样，也采用了沼气工程发电的资源化利用方式，在政府的倡导下，德国使用全混合发酵法处理畜禽粪污的比例为94%。另外，德国通过改善饲料营养配方，在满足畜禽生产营养需求时降低了饲料中氮、磷含量，降低了微量元素对环境的影响。法国和荷兰等发达国家，大多都将处理过的畜禽粪尿用作肥料或作为能源发电，将固体部分储存堆肥，液体部分直接用作肥料输送到附近的农田。大部分国家都有相关法律限制养殖场的饲养量，规定在土地和环境可接受的范围内进行饲养，力求饲养量与粪污的利用达到平衡。

第四节　我国对畜禽粪污资源化利用的法律规定

早在 2005 年通过的《中华人民共和国畜牧法》中就明确规定：畜禽养殖场、养殖小区应当具备有对畜禽粪污、废水和其他固体废弃物进行综合利用的沼气池等设施或者其他无害化处理设施；畜禽养殖场、养殖小区违法排放畜禽粪污、废水及其他固体废弃物，造成环境污染危害的，应当排除危害，依法赔偿损失；国家支持畜禽养殖场、养殖小区建设畜禽粪污、废水及其他固体废弃物的综合利用设施。

2013 年国务院发布了针对畜禽养殖场、养殖小区养殖污染防治的《畜禽规模养殖污染防治条例》。条例第十三条规定，畜禽养殖场、养殖小区应当根据养殖规模和污染防治需要，建设相应的畜禽粪污、污水与雨水分流设施，畜禽粪污、污水的贮存设施，粪污厌氧消化和堆沤、有机肥加工、制取沼气、沼渣沼液分离和输送、污水处理、畜禽尸体处理等综合利用和无害化处理设施。已经委托他人对畜禽养殖废弃物代为综合利用和无害化处理的，可以不自行建设综合利用和无害化处理设施。未建设污染防治配套设施、自行建设的配套设施不合格，或者未委托他人对畜禽养殖废弃物进行综合利用和无害化处理的，畜禽养殖场、养殖小区不得投入生产或者使用。畜禽养殖场、养殖小区自行建设污染防治配套设施的，应当确保其正常运行。第十四条规定，从事畜禽养殖活动，应当采取科学的饲养方式和废弃物处理工艺等有效措施，减少畜禽养殖废弃物的产生量和向环境的排放量。第十五条至第二十四条规定，国家鼓励和支持采取粪肥还田、制取沼气、制造有机肥等方法，对畜禽养殖废弃物进行综合利用；国家鼓励和支持采取种植和养殖相结合的方式消纳利用畜禽养殖废弃物，促进畜禽粪污、污水等废弃物就地就近利用；将畜禽粪污、污水、沼渣、沼液等用作肥料的，应当与土地的消纳能力相适应，并采取有效措施，消除可能引起传染病的微生物，防止污染环境和传播疫病；畜禽养殖废弃物未经处理，不得直接向环境排放；畜禽养殖场、养殖小区应当定期将畜禽养殖品种、规模以及畜禽养殖废弃物的产生、排放和综合利用等情况，报县级人民政府环境保护主管部门备案；对污染严重的畜禽养殖密集区域，市、县人民政府应当制定综合整治方案，采取组织建设畜禽养殖废弃物综合利用和无害化处理设施、有计划搬迁或者关闭畜禽养殖场所等措施，对畜禽养殖污染进行治理。

2015 年颁布实施的《中华人民共和国环境保护法》第四十九条规定，畜禽养殖场、养殖小区、定点屠宰企业等的选址、建设和管理应当符合有关法律法规规定。从事畜禽养殖和屠宰的单位和个人应当采取措施，对畜禽粪污、尸体和污水等废弃物进行科学处置，防止污染环境。

2017 年第二次修正的《中华人民共和国水污染防治法》规定，国家支持畜禽养殖场、养殖小区建设畜禽粪污、废水的综合利用或者无害化处理设施。畜禽养殖场、养殖小区应当保证其畜禽粪污、废水的综合利用或者无害化处理设施正常运转，保证污水达标排放，防止污染水环境。畜禽散养密集区所在地县、乡级人民政府应当组织对畜禽粪污污水进行分户收集、集中处理利用。

2020 年新修订施行的《中华人民共和国固体废物污染环境防治法》规定，固体废物污染环境防治坚持减量化、资源化和无害化的原则。产生、收集、贮存、运输、利用、处置固体废物的单位和个人，应当采取措施，防止或者减少固体废物对环境的污染，对所造成的环境污染依法承担责任；建设项目的环境影响评价文件确定需要配套建设的固体废物污染环境防治设施，应当与主体工程同时设计、同时施工、同时投入使用；收集、贮存、运输、利用、处置固体废物的单位和其他生产经营者，应当加强对相关设施、设备和场所的管理和维护，保证其正常运行和使用；产生、收集、贮存、运输、利用、处置固体废物的单位和其他生产经营者，应当采取防扬散、防流失、防渗漏或者其他防止污染环境的措施，不得擅自倾倒、堆放、丢弃、遗撒固体废物；从事畜禽规模养殖未及时收集、贮存、利用或者处置养殖过程中产生的畜禽粪污等固体废物的，由生态环境主管部门责令改正，可以处十万元以下的罚款，情节严重的，报经有批准权的人民政府批准，责令停业或者关闭。

2022 年修订的《中华人民共和国畜牧法》更多地提出了畜禽粪污资源化利用。第四十六条规定，畜禽养殖场应当保证畜禽粪污无害化处理和资源化利用设施的正常运转，保证畜禽粪污综合利用或者达标排放，防止污染环境。违法排放或者因管理不当污染环境的，应当排除危害，依法赔偿损失。国家支持建设畜禽粪污收集、储存、粪污无害化处理和资源化利用设施，推行畜禽粪污养分平衡管理，促进农用有机肥利用和种养结合发展。

第五节　我国在畜禽粪污资源化利用方面的重大政策

2017 年 6 月 12 日，国务院办公厅印发《关于加快推进畜禽养殖废弃物资源化利用的意见》（国办发〔2017〕48 号），要求到 2020 年，建立科学规范、权责清晰、约束有力的畜禽养殖废弃物资源化利用制度，构建种养循环发展机制，全国畜禽粪污综合利用率达到 75% 以上，规模养殖场粪污处理设施装备配套率达到 95% 以上。

2018 年 3 月 16 日，农业农村部和生态环境部关于印发《畜禽养殖废弃物资源化利用工作考核办法（试行）》的通知（农牧发〔2018〕4 号），要求对各省（区、市）人民政府 2017—2020 年畜禽养殖废弃物资源化利用工作情况进行绩效考核。

2018 年 6 月 8 日，农业农村部办公厅印发《关于做好畜禽粪污资源化利用跟踪监测工作的通知》（农办牧〔2018〕28号），开始通过畜禽养殖场直联直报信息系统对中央资金支持项目实施进度进行定期跟踪监测，对规模养殖场粪污处理设施配套情况和猪、牛、羊、鸡等畜禽粪污资源化利用情况进行跟踪监测和绩效考核。

2019年12月28日，农业农村部办公厅和生态环境部办公厅联合印发《关于促进畜禽粪污还田利用依法加强养殖污染治理的指导意见》（农办牧〔2019〕84号），要求以粪污无害化处理、粪肥全量化还田为重点，坚持依法治理、以用促治、利用优先，促进畜禽粪肥低成本还田利用，积极稳妥推进畜禽养殖污染治理，努力探索畜牧业绿色发展的新途径。提出立足我国畜牧业和种植业特点，健全粪肥还田监管体系和制度，推广经济高效、灵活多样的种养结合模式，引导养殖场户配套种植用地，培育粪肥经纪公司、经纪人等社会化服务主体，调动种植户使用粪肥积极性，形成有效衔接、相互匹配的种养业发展格局。粪肥还田利用设施装备进一步完善、成本进一步降低，耕地地力不断提高，农作物品质明显提升，畜禽粪肥还田机制逐步健全，违法排污得到有效控制，畜牧业生产效益进一步增强。到2025年，畜禽粪污综合利用率达到80%；到2035年，畜禽粪污综合利用率达到90%。

2020年6月4日，农业农村部办公厅和生态环境部办公厅联合印发《关于进一步明确畜禽粪污还田利用要求强化养殖污染监管的通知》（农办牧〔2020〕23号），强调国家支持畜禽养殖场户建设畜禽粪污无害化处理和资源化利用设施，鼓励采取粪肥还田，制取沼气、生产有机肥等方式进行畜禽粪污资源化利用。明确畜禽粪污的处理应根据排放去向或利用方式的不同执行相应的标准规范，对配套土地充足的养殖场户，粪污经无害化处理后还田利用具体要求及限量应符合《畜禽粪污无害化处理技术规范》（GB/T 36195）和《畜禽粪污还田技术规范》（GB/T 25246），配套土地面积应达到《畜禽粪污土地承载力测算技术指南》要求的最小面积。对配套土地不足的养殖场户，粪污经处理后向环境排放的，应符合《畜禽养殖业污染物排放标准》（GB 18596）和地方有关排放标准。用于农田灌溉的，应符合《农田灌溉水质标准》（GB 5084）。

2021年，农业农村部和国家发展改革委联合印发了《"十四五"全国畜禽粪肥利用种养结合建设规划》和《"十四五"重点流域农业面源污染综合治理建设规划》两个规划。《"十四五"全国畜禽粪肥利用种养结合建设规划》指出，当前我国种养主体分离，规模不匹配、联结不紧密等问题仍然突出，粪肥还田"最后一公里"尚未打通，市场化运行机制仍需健全，粪肥收运和田间施用等社会化服务组织刚开始发育，经营规模小，技术水平低，盈利能力差，对接种养主体的桥梁纽带作用发挥不足。缺乏有效的评价和认证机制，无法实现优质优价，畜禽粪污处理和利用规范化标准化水平还不高，养殖户设施装备仍然不足，粪肥还田机械严重缺乏，利用方式较为粗放，无法满足种养结合农牧循环发展的要求，全国仍有 8 000 多家规模养殖场尚未配套粪污处理设施装备，42.5 万家规模较大的养殖户尚未进行畜禽粪污处理设施装备配套情况验收。部分畜禽粪污处理设施建设不规范，处理能力与养殖规模不匹配，无害化不彻底、臭气排放等问题仍然突出；固体粪肥以人工撒施为主、占比达 94.5%，液体粪肥以漫灌施用为主、占比达 76.5%，易造成养分损失，增加环境污染风险。畜禽粪污资源化利用全链条管理体系不完善，主要采用环境影响评价制度进行事前监管，运行过程中缺乏有效的常规监管措施，特别是气体排放、粪肥超量利用等环境风险难以控制。畜禽粪肥还田利用监测体系不完善，监测制度仍不健全，信息化监管和服务手段缺乏，难以管控粪肥质量和利用量等情况。提出统筹生产环保、协调种养发展、分区分类施策的发展原则，到 2025 年，支持 250 个以上项目县整县推进建设畜禽粪污处理设施和粪肥还田利用示范基地，引领全国种养结合加快发展，全国畜禽粪污综合利用率达到 80%，农业绿色发展支撑能力明显增强，示范基地粪肥替代化肥比例达到 30% 以上，土壤有机质含量明显提升，减排固碳成效显著。

《"十四五"全国畜禽粪肥利用种养结合建设规划》部署，坚持以用促治、利用优先，推动粪肥低成本还田利用，支持建设一批粪肥还田利用种养结合示范基地。因地制宜推广堆沤肥还田、液体粪污贮存还田、沼肥还田等技术模式，建设田间贮存和输送管网等设施。合理增施粪肥，提升地力，推动形成绿色高效的农业生产方式，进而推进粪肥还田利用，促进耕地质量提升；大力推进标准化规模养殖，推广节水节料饲喂、节水清粪等实用技术装备。严格落实标准规范要求，建设堆沤肥、液体粪污贮存发酵、沼气发酵等设施装备，鼓励采取臭气和温室气体减排措施，减少环境影响，推行畜禽粪肥机械化还田利用，鼓励采取拖管式施肥和固体粪肥机械撒施等方式，减少养分损失，提高利用效率，进而提升设施装备水平，提高粪肥利用效率；加强畜禽粪污资源化利用科技攻关，研发一批轻简化实用技术和设施装备，构建粪肥还田利用标准体系，制修订一批实用性强的技术标准。建设国家畜禽粪污资源化利用工程中心和监测评估中心，打造一批优秀科技创新团队，推进粪肥还田利用监测体系建设，提升粪肥和耕地质量监测服务能力，探索推行养分管理，进而强化科技创新能力，提升粪肥还田利用支撑服务水平；引导种养主体通过土地流转、粪肥订单等方式，按照养殖规模配套土地，为粪肥就地就近利用提供保障。培育壮大一批粪肥收运和田间施用等社会化服务主体，推动建立受益者付费机制。积极引导各类社会资本参与项目建设与运营，建立多元化投入机制。加强农产品质量安全监管和以畜禽粪污为主要原料的商品有机肥产品监管，依法查处违法行为。推进绿色有机地理标志农产品发展，推动实现农产品优质优价，完善市场运行机制，增强持续发展能力的四大重点工作任务。

《"十四五"全国畜禽粪肥利用种养结合建设规划》对我国多样化粪肥还田利用种养结合发展路径作出了规划。

东北区

区域范围：主要包括辽宁、吉林、黑龙江全域，内蒙古东部地区。

区域特点：该区域地形平坦、土壤肥沃，年均降水量较少。畜禽养殖以生猪、奶牛、肉牛为主，规模化程度高。大田作物以玉米、大豆、水稻为主，是我国重要的商品粮生产基地，以一年一熟为主，集约化水平较高。户均耕地面积明显高于其他区域，耕地质量高，亩均耕地粪污负荷低，大部分地区可实现畜禽粪肥机械化施用，畜禽粪肥还田利用条件较好。

重点任务：以玉米、大豆、水稻种植为重点，兼顾经济作物，结合秸秆还田和黑土地保护，推进粪肥就地就近还田利用。生猪养殖推行水泡粪和贮存发酵就近还田利用模式，奶牛 养殖推行固体粪污垫料利用、液体粪污贮存发酵就近还田利用模式。以提升畜禽粪肥机械化施用水平为重点，建设一批符合用地要求的田间贮存设施和输送管道，购置运输罐车和撒肥机，推行拖管式、注入式等施用方式，鼓励深松整地与粪肥施用机械化联合作业。

黄淮海区

区域范围：主要包括北京、天津、河北、山东、河南全域，安徽北部和江苏北部地区。

区域特点：该区域地势平坦、土壤肥沃，光热资源充足，雨热同期，年均降水量较少，地下水超采问题突出。各主要畜种养殖量均较大，是我国重要的商品粮生产基地，也是蔬菜、水果和油料集中种植区，大田作物主要为小麦、玉米，以一年两熟为主，集约化水平高。户均耕地面积仅高于华南区，耕地流转率较高，耕地质量中等，亩均耕地粪污负荷中等，大部分地区可实现畜禽粪肥机械化施用，畜禽粪肥还田利用条件较好。

重点任务：以小麦、玉米、蔬菜和水果为重点，推进粪肥就地就近还田利用。推广节水型养殖模式和大田作物肥水协同种植模式。奶牛、生猪养殖推行堆沤肥、沼气发酵、贮存发酵就近还田利用等模式，家禽推行堆沤肥就近还田利用模式。鼓励推行固体粪污膜堆肥、反应器堆肥，液体粪污密闭覆盖、酸化处理等臭气减排措施。以提升粪肥机械化施用水平为重点，建设一批符合用地要求的田间贮存设施和输送管网，购置运输罐车和撒肥机，推行管网式、拖管式等施用方式。加强集约化蔬菜种植粪肥还田利用量管控，降低环境污染风险。

西北区

区域范围：主要包括山西、陕西、甘肃、宁夏、新疆、青海全域，内蒙古中西部地区。

区域特点：该区域地形多样，年均降水量少、蒸发量大。畜禽养殖以牛羊为主，是草食畜牧业优势产区。作物种植以玉米、棉花、蔬菜、水果、牧草、薯类等为主，多为一年一熟，集约化水平一般。户均耕地面积较大，耕地质量较差，亩均耕地粪污负荷较低，具备一定的畜禽粪肥机械化施用条件，畜禽粪肥还田利用条件中等。

重点任务：以玉米、牧草、蔬菜和水果为重点，兼顾棉花和薯类，推进粪肥就地就近还田利用。推广畜禽养殖节水型清粪工艺，奶牛养殖推行固体粪污垫料利用、液体粪污贮存发酵就近还田利用模式，肉牛和羊养殖推行粪污堆沤肥利用模式。鼓励推行固体粪污膜堆肥等处理技术。重点支持购置一批固体粪肥运输车和撒肥机，推行固体粪肥机械撒施、液体粪肥拖管式施用。

西南区

区域范围：主要包括重庆、贵州、云南、西藏全域，四川大部分地区。

区域特点：该区域以丘陵山地为主，年均降水量较大。畜禽养殖以生猪为主，种植作物以玉米、水稻、茶叶、蔬菜、水果为主，一年多熟，集约化水平较低。户均耕地面积中等，耕地质量中等，亩均耕地粪污负荷较高，畜禽粪肥机械化施用难度较大。畜禽粪肥还田利用条件差。

重点任务：以高效经济作物利用为重点，兼顾玉米、水稻，推进粪肥就地就近还田利用。推行畜禽养殖节水型清粪工艺，重点推广粪污沼气发酵、异位发酵床等模式，积极引导液体粪肥就近还田利用。建设一批符合用地要求的田间贮存设施和输送管网，购置畜禽粪污运输罐车和小型撒肥机，推行管网式、沟灌、畦灌、小型机械撒施等施用方式。

长江中下游平原和成都平原区

区域范围：主要包括四川成都平原地区、安徽中南部、江苏中南部、湖南北部、江西北部、浙江北部，上海、湖北全域。

区域特点：该区域地势平坦，水系十分发达，年均降水量较大，农业面源污染防治压力大。区域经济发达，畜禽养殖以生猪为主。水稻产量占全国1/3以上，油料、蔬菜产量居全国前列，是粮食、油料和蔬菜主产区，多为一年两熟，集约化水平较高。户均耕地面积较小，耕地质量中等，亩均耕地粪污负荷较高，畜禽粪肥还田利用条件中等，大部分地区可实现畜禽粪肥机械化施用。

重点任务：以水稻、蔬菜、水果、茶叶为重点，推行粪肥就地就近还田利用。生猪养殖主要推广节水型清粪工艺，推行粪污堆沤肥、沼气发酵、贮存发酵、异位发酵床等模式，鼓励推行固体粪污膜堆肥、反应器堆肥，液体粪污密闭覆盖、酸化处理等臭气减排措施。建设一批田间贮存设施和输送管网，购置运输罐车和撒肥机，推广管网式、沟灌、畦灌、机械撒施等施用方式。在消纳耕地不足的区域，优先推广机械干清粪工艺，液体粪污处理达到相关标准后排放或作灌溉水。

南方丘陵区

区域范围：主要包括湖南南部、江西南部、浙江南部，福建全域。

区域特点：该区域以丘陵山地为主，年均降水量较大。畜禽养殖以生猪、家禽为主。大田作物以水稻为主，多为一年两熟，烟草、水果、茶叶等经济作物种植面积大，集约化水平较低。户均耕地面积较小，耕地质量中等，亩均耕地粪污负荷高，畜禽粪肥机械化施用难度大，畜禽粪肥还田利用条件差。

重点任务：以高效经济作物利用为重点，兼顾水稻种植，推进粪肥就地就近还田利用。优先推广机械干清粪工艺，固体粪污以堆沤肥处理为主，液体粪污重点推广沼气发酵、异位发酵床、贮存发酵等模式，积极引导液体粪污由达标排放向还田利用转变。建设一批田间贮存设施和输送管网，购置运输罐车和撒肥机，推广管网式、沟灌、畦灌、机械撒施等施用方式。

华南区

区域范围：主要包括广东、广西、海南全域。

区域特点：该区域以丘陵山地为主，高温多雨，水网稠密，年均降水量大，畜禽养殖以生猪、家禽为主，是重要的糖料、水稻和热带水果种植区，以一年多熟为主，集约化水平一般。户均耕地面积小，耕地质量中等，亩均耕地粪污负荷较高，部分地区可实现畜禽粪肥机械化施用，畜禽粪肥还田利用条件中等。

重点任务：以水稻、甘蔗和热带水果为重点，推行粪肥就地就近还田利用。重点推广节水型清粪工艺，推行粪污堆沤肥、沼气发酵、贮存发酵等模式，推行固体粪污膜堆肥、反应器堆肥，液体粪污密闭覆盖、酸化处理等臭气减排措施。建设一批田间贮存设施和输送管网，购置运输罐车和撒肥机，推广管网式、沟灌、畦灌、机械撒施等施用方式。

《"十四五"重点流域农业面源污染综合治理建设规划》指出，"十四五"

是农业面源污染防治的深入推进期，是农业转型升级的攻坚期。必须坚持目标导向和问题导向，创新模式机制，加快推进农业面源污染系统化、规模化、产业化治理，率先解决重点流域农业面源污染问题，为乡村生态振兴提供重要支撑。要全面落实习近平总书记关于长江经济带发展、黄河流域生态保护和高质量发展的重要指示精神，牢固树立和践行"绿水青山就是金山银山"的理念，坚持突出重点、整县推进、多方参与、系统治理的指导方针，开展重点流域农业面源污染综合治理，深入推进农业投入品减量化、生产清洁化、废弃物资源化、产业模式生态化，促进流域水质和农业生态环境有效改善，助力重点流域绿色、高质量发展。提出生态优先，绿色发展；突出重点，系统治理；因地制宜，分区施策；改革引领，创新驱动的建设原则。基于畜禽粪污土地承载力，推行以地定畜、种养结合，促进畜禽粪肥就近就地还田利用。推广节水、节料等清洁养殖工艺，合理选择干清粪、水泡粪、微生物发酵、臭气收集与处理等实用技术，实现源头控制；完善畜禽粪污资源化利用设施设备，因地制宜建设经济高效堆沤肥、贮存发酵、沼气发酵等处理设施，加强收储运设施设备建设，培育社会化粪肥施用服务组织，重点扩大粮食作物畜禽粪肥施用面积，提升耕地土壤有机质。重点实施畜禽养殖源头减量工程。建设内容包括改造节水工艺，主要为饮水系统改造、清粪系统改造和雨污分离改造。配备节水型饮水器、漏缝地板、清粪机械、雨污分离设备等，最大限度地减少用水量和畜禽粪污产生量，提高畜禽粪污收集率；畜禽粪污收贮运工程。建设内容包括防雨防渗固体粪污暂存设施和堆沤等设施；防渗防漏液体粪污暂存设施、密闭式处理设施、气体收集处理设施等，提高液体粪污收集率，减少粪污贮存和处理过程中的氨气等臭气排放；配备液体粪污抽吸泵、密闭式液体粪污转运车、固体粪污装载车和转运车、施肥机械，建设粪肥还田利用示范基地，促进畜禽粪肥就近就地还田利用；畜禽粪污能源化利用工程。主要支持专业化集中处理企业建设，其内容为原料预处理设施、厌氧消化设施、沼气净化设施、生物燃气利用设施、沼渣沼液贮存或处理利用设施、其他附属设施等，实现沼气发电上网或提纯生物天然气销售。

2021年，农业农村部印发《"十四五"全国畜牧兽医行业发展规划》，提出生产发展与资源环境承载力匹配度提高，畜禽养殖废弃物资源化利用持续推进，畜禽粪污综合利用率达到80%以上，形成种养结合、农牧循环的绿色循环发展新方式的绿色发展目标。畅通农业内部资源循环，推行液体粪肥机械化施用，培育粪肥还田社会化服务组织，推行养殖场（户）付费处理、种植户付费用肥，建立多方利益联结机制。按照"谁产生、谁负责"的原则，严格落实养殖场（户）主体责任，探索实施规模养殖场粪污处理设施分类管理，确保粪污处理达到无害化要求，满足肥料化利用的基本条件。推动建立符合我国实际的粪污养分平衡管理制度，指导养殖场（户）建立粪污处理和利用台账，种植户建立粪肥施用台账，健全覆盖各环节的全链条管理体系，开展粪污资源化利用风险评估和风险监测，科学指导粪肥还田利用。

第四章　畜禽粪污的价值与危害

第一节　畜禽粪污的重要价值

畜禽粪污富含有机物质，合理利用畜禽粪污资源有着重要的意义和价值，俗语说"粪多则肥多，肥多则田沃，田沃则谷多"。畜禽粪污作为种植业的优质肥料，富含有机质和氮、磷、钾等丰富的营养物质，以及钙、镁、硫等多种矿物质及微量元素，通过发酵消除粪污中的有害微生物，分解有机物质，增加营养物质，改善土壤结构等，使粪污变得更加安全和有益，提高植物的产量和品质，同时也有助于保护环境和改善农业生态系统。合理利用畜禽粪污，可带来可观的经济效益。资料显示，1976 年我国农业生产 1/3 以上的肥料是由动物粪污提供的。在畜牧业生产中，我们不但应当把畜禽养殖过程中产生的粪污危害降至最低限度，而且还必须采取各种有效措施，进行多层次、多环节综合处理，最大限度地利用其营养物质，做到变废为宝，化害为利。

一、畜禽粪污的产生量及其主要成分

畜禽采食饲料，摄入水、蛋白质、维生素、矿物质等营养物质，未被消化吸收的部分，形成粪污、尿液排出体外。不同畜禽品种，因其采食的食物不同、消化道结构与功能不同，其产生粪污与尿液的量、形态、色泽、气味都不相同，成分也有很大差别。

（一）畜禽粪污和尿液的产生量

不同种类的畜禽产生的粪污和尿液的排泄量差异很大，同一畜种由于品种、生产类型、生长阶段、体重、性别以及日粮性质等因素的差异，粪污和尿液的产生量也不同，见表 4-1。一般而言，相同条件下畜禽粪污和尿液的产生量与其采食量、饮水量呈正相关，与其体重呈正相关。公畜体重较大，其粪污和尿液的产生量也较母畜大。

表 4-1　各类畜禽粪尿的排泄量

畜别	饲养期（d）	每头（羽）日排泄量（kg）			每头（羽）年排泄量（t）		
		粪量	尿量	合计	粪量	尿量	合计
泌乳牛	365	30～50	13～25	45～75	14.6	7.3	21.9
成牛	365	20～35	10～17	30～52	10.6	4.9	15.5
育成牛	365	10～20	5～10	15～30	5.5	2.7	8.2
犊牛	180	3～7	2～5	5～12	0.9	0.45	1.5
成年马	365	10～20	5～10	15～30	5.5	2.7	8.2
种公猪	365	2.0～3.0	4.0～7.0	6.0～10.0	0.9	2.0	2.9
哺乳母猪	365	2.5～4.2	4.0～7.0	6.9～11.2	1.2	2.0	3.2
后备母猪	180	2.1～2.8	3.0～6.0	5.1～8.8	0.4	0.8	1.2
出栏猪（大）	180	（2.7）	（3.5）	（5.67）	0.4	0.6	1.0
出栏猪（中）	90	（1.3）	（2.0）	（3.3）	0.12	0.18	0.30
羊（山、绵羊）	365	（2.0）	（0.66）	（2.66）	0.73	0.24	0.97
兔	365	（0.15）	（0.55）	（0.70）	0.05	0.20	0.25
产蛋鸡	365	0.14～0.16		0.14～0.16	0.06		0.06
肉鸡	50	（0.09）		（0.09）	4.5kg		4.5kg
肉鸭	55	（0.10）		（0.10）	5.5kg		5.5kg
蛋种鸡	365	（0.17）		（0.17）	62.1kg		62.1kg
蛋种鸭	365	（0.17）		（0.17）	62.1kg		62.1kg

注：来源于《家畜粪污学》（中国农业大学等编著，上海交通大学出版社出版）。

2018 年，《农业农村部办公厅关于做好畜禽粪污资源化利用跟踪监测工作的通知》中给出了畜禽规模养殖场粪污产生量测算参数，见表 4-2、表 4-3。

表 4-2　畜禽规模养殖场粪污产生量参数表　　单位：kg/［天·头（只）］

地区		生猪	奶牛	肉牛	肉羊	蛋鸡	肉鸡
华北区	北京、天津、河北、山西、内蒙古	1.52	25.64	15.01	0.69	0.12	0.12
东北区	辽宁、吉林、黑龙江	1.16	26.35	13.89	0.69	0.08	0.18
华中区	上海、江苏、浙江、安徽、江西、福建、山东	0.93	25	14.8	0.69	0.11	0.22
中南区	河南、湖北、湖南、广东、广西、海南	1	26.45	13.87	0.69	0.12	0.06
西南区	重庆、四川、贵州、云南、西藏	1	25	12.1	0.69	0.12	0.06
西北区	陕西、甘肃、青海、宁夏、新疆	1.24	15.76	121.	0.69	0.08	0.18

表4-3　畜禽规模养殖场尿液产生量参数表　　单位：kg/［天·头（只）］

地区		生猪	奶牛	肉牛	肉羊	蛋鸡	肉鸡
华北区	北京、天津、河北、山西、内蒙古	1.92	11.19	7.09	0.41	—	—
东北区	辽宁、吉林、黑龙江	3.04	11.19	8.78	0.41	—	—
华中区	上海、江苏、浙江、安徽、江西、福建、山东	2.19	11.86	8.91	0.41	—	—
中南区	河南、湖北、湖南、广东、广西、海南	2.92	15.19	9.15	0.41	—	—
西南区	重庆、四川、贵州、云南、西藏	2.53	11.86	8.32	0.41	—	—
西北区	陕西、甘肃、青海、宁夏、新疆	2.36	9.81	8.32	0.41	—	—

（二）畜禽粪污和尿液的主要成分

1. 畜禽粪污的成分

畜禽粪污的成分极其复杂，粪污中主要包括三类物质：畜禽机体经代谢后的产物，包括消化腺体分泌的黏液、胃肠道黏膜脱落的上皮组织、代谢后的废物（如由肝脏排出的胆色素和其衍生物等）；微生物（可占粪污组成20%～30%）；食物残渣等。畜禽粪污的化学成分主要是水分、粗蛋白质、粗脂肪、粗纤维和无氮浸出物。各种畜禽干物质中的粪肥含量见表4-4。

表4-4　畜禽粪污的肥分含量　　单位：%

畜粪	水分	有机质	氮（N）	磷酸（P_2O_5）	氧化钾（K_2O）
猪粪	81.5	15.0	0.60	0.40	0.44
牛粪	83.3	14.5	0.32	0.25	0.16
羊粪	65.5	31.4	0.65	0.47	0.23
鸡粪	50.5	25.5	1.63	1.54	0.85
马粪	75.8	21.0	0.58	0.30	0.24

注：据张景略、徐本生主编，《土壤肥料学》，1990。

2. 畜禽尿液的成分

畜禽尿的化学成分随动物种类、年龄、饲料成分、饮水量、季节气候和机体代谢强度等不同而有变动。在一般情况下，家畜尿中的水分占95%～97%，固体物占3%～5%。固体物包括无机物和有机物，无机物质主要是钾、钠、钙、镁和氨的各种盐。正常家畜尿中无蛋白质，尿中含氮物质全为非蛋白氮，主要有：尿素、尿酸、肌酐等，它们是蛋白质和核酸在体内代谢产生的终产物或中间产物。家畜尿的含氮量及各种形态氮的分布见表4-5。

表4-5　家畜尿形态氨的分布（占尿中氨的百分比）　　　单位：%

氮素形态	猪尿	牛尿	马尿	羊尿
尿素态氮	26.60	29.77	74.47	53.39
马尿酸态氮	9.60	22.46	3.02	38.70
尿酸态氮	3.20	1.02	0.65	4.02
肌酐态氮	0.68	6.27	痕迹	0.60
氨态氮	0.79	0.00	0.00	2.24
其他态氮	56.13	40.48	21.86	1.06
总氮（%）	0.30	0.95	1.02	1.68

注：据北京农业大学，《肥料手册》，1979。

二、畜禽粪污的价值

（一）畜禽粪污的生态价值

在农业生态系统中，大部分植物能将无机养分转化为有机物，并通过光合作用把太阳能转化为植物和动物所需的能。畜禽在将植物（草和农作物）转化为动物能的同时，其粪污中的养分可肥沃土壤，促进植物生长。在放牧条件下，动物粪污直接返回土壤，在集约化饲养条件下，动物粪污经过农业施肥进入土壤。土壤中存在的种类繁多的微生物不断分解土壤中的有机质，从中得到它们生长所需的能量与营养物质，同时又把作物难以利用的各种有机态养分变成可利用的养分。氮素是农业生产中最主要的养分限制因子，氮素的矿化对于作物氮素营养具有很大作用。凡是影响土壤微生物分布和活动的因素都会影响有机质的矿化作用，营养不足会限制微生物种群的发展，对土壤微生物来说，与高等植物相反，碳氮营养中碳素是主要的，其次才是氮素。

影响土壤有机物分解的因素主要是水分、温度、pH值、有机物的碳氮比（C/N）和其他养分。水分含量过多易产生较多对作物有害的有机酸，水分含量过少则微生物活性降低；有机物分解最适宜的温度为25～35℃，温度太低微生物活性降低，过高则有机物损失增加，形成的腐殖质量减少；土壤pH值在5～8时最有利于微生物分解有机质；有机物的C/N影响有机物的分解速度和分解程度，并可影响其对作物养分的供应，一般情况下C/N为20时最佳，当有机物的C/N大于20时，微生物必须从土壤中吸收氮素才能进行分解活动，因此降低土壤对作物的供氮能力。

（二）畜禽粪污的营养价值

畜禽粪污中富含氮、磷、钾等营养元素，通过无害化处理后用作肥料，可以增加土壤中有机质含量，改善土壤养分状况和土壤结构，增加土壤中微生物数量及活性，促进有机质中养分的分解、转化和释放，提高土壤肥力，具有营养全面、肥效长等优势，对提高农作物、蔬菜、果树、花卉等产量和质量具有重要作用。

不同畜禽粪污的营养特点。猪粪质地较细，成分较复杂，含蛋白质、脂肪类、有机酸、纤维素、半纤维素以及无机盐等。碳氮比约 14 : 1，一般容易被微生物分解，释放出可为作物吸收利用的养分。猪粪含腐殖质高，保肥力强，但水分含量较多，纤维素分解菌较少，混合少量马粪施用，以接种纤维素分解菌，能够大大增加肥效；牛粪有机质和养分含量在各种家畜中较低，质地细密，含水较多，分解慢，发热量低，属迟效性肥料。通气性较差，有机质部分较难分解，是冷性肥料。把鲜牛粪晾干，再加马粪混合堆积，可得疏松优质有机肥料；马粪以纤维素、半纤维素含量较多，此外，还含有木质素、蛋白质、脂肪类、有机酸及多种无机盐类。马粪中的水分易于蒸发，同时含有较多的纤维分解菌，是热性肥料，施用马粪可以有效改善黏土的性质。羊粪有机质比其他畜粪多，粪质较细，肥分浓厚。羊粪发热介于马粪与牛粪之间，亦属热性肥料，也被称为温性肥料，在砂质土和黏质土上施用，效果好。禽粪（鸡粪、鸭粪、鹅粪、鸽粪等）中氮素以尿酸态为主，尿酸不能直接被作物吸收利用，而且对作物根系生长有害，同时新鲜禽粪容易招引地下害虫。禽粪作为农家肥料，比猪粪、牛粪等有更高的肥效。每吨黏湿鸡粪含有植物养分：氮 11.35kg、磷（P_2O_5）10.44kg、钾（K_2O）5.45kg。

（三）畜禽粪污的其他价值

在高寒牧区，牛羊粪仍是当地牧民群众重要的燃料资源，人们生火做饭、煨炕取暖都离不开牛羊粪；牛粪、马驴粪和羊粪干燥绵软后是很好的卧床垫料，具有保温作用；有些牧区牦牛粪被磊成围墙、制成艺术品，成为财富与勤奋的象征，形成了特殊的文化；牛粪、鸡粪处理后可作为饲料用于鱼塘、蚯蚓养殖。

第二节　畜禽粪污的危害

畜禽粪污在农业生态平衡系统中起着非常重要的作用，但也存在着危害。我国畜禽养殖业总量大，但规模化和专业化程度与国际先进水平还有不小的差距，总体上讲，管理水平还比较低，经营还比较粗放，畜禽粪污处理与资源化利用能力还比较弱。由于缺乏有效的政策机制保障，大量畜禽粪污得不到有效利用，造成水体和土壤环境污染。大量数据和研究表明，我国水体富营养化的一个重要原因即是农业生产流失的氮、磷等养分，而畜禽养殖是农业源氮和磷重要来源。另外，由于农业生产长期依赖化肥，许多地区农田出现了不同程度的有机质减少、地力下降等情况。同时，由于农村生产生活方式的转变、劳动力结构的变化以及国家对化肥使用的补贴等政策，导致畜禽粪肥的应用受到限制，直接导致大量畜禽粪污等废弃物资源的浪费，形成污染。畜禽粪污在贮存、运输、施用过程中也存在氮、磷流失，没有进行充分发酵处理的污染物直接排入农田等情况，成为畜禽粪污面源污染的主要途径。

畜禽养殖业环境问题也是妨碍产业本身健康发展的重要因素。不加处理的畜禽粪污包含有对人和动物生活环境造成危害的病原生物及大量有毒、有害和刺激性恶臭物质，规模养殖产生的粪污、尸体、废水等废弃物处置不当，将恶化生产环境，大量病原体、高浓度恶臭气体、粉尘等，都将严重危害畜禽健康，甚至导致疫病，直接威胁生产安全，导致经济损失。畜禽养殖造成的环境污染也常常引发社会问题，如由于恶臭或水污染等原因导致农村地区的民事纠纷，直接妨碍畜禽养殖经营活动。畜禽养殖业环境保护滞后，畜禽养殖废弃物资源的浪费，也直接妨碍产业综合效益的提高。畜禽养殖业要实现可持续发展、实现产业优化和升级，就必须要进行废弃物的综合利用，走种养结合、种养平衡的路子。

一、畜禽粪污对土壤的污染

（一）畜禽粪污对土壤污染的特点

土壤污染是大气污染和水体污染的结果。污染气体经雨雪淋洗或室内的潮解作用溶落土壤，污染的水经过河流、湖泊等水流进入土壤；而土壤污染通过食物和水危害人畜。如粪污携带的蛔虫卵随着施肥进入土壤，污染蔬菜瓜果，进而传染给健康的人。

（二）畜禽粪污污染土壤的主要形式

粪污中包含有大量的蛋白质、脂肪、糖等有机物质，在微生物作用下进行分解。其中含氮有机物分解的最终产物以氨、胺和硝酸盐等3种形态进入土壤。但这些分解产物大多能转化，对土壤的危害较小，只有少量的硝酸盐转变成亚硝酸盐，产生一定危害。

土壤中的病原体最主要来源于人和畜禽的粪污，其中包括病原微生物和寄生虫，土壤中常见的病原微生物主要包括细菌、病毒、寄生虫等。土壤具备微生物生长发育繁殖所必需的条件，如有丰富的有机和无机营养物质，有适宜的温度、湿度、酸碱度和空气，以及某些寄生虫生长发育所必需的中间宿主等，因此，许多病原微生物和寄生虫能够在土壤中长期生存和扩大繁殖。不同病原微生物在土壤中的生存时间差异很大，如巴氏杆菌一般能存活半个月；伤寒杆菌和布鲁氏菌能活3个月；结核杆菌能存活5个月；破伤风梭菌的芽孢可存活几年；炭疽的芽孢可存活10年。进入土壤的粪污带进了病原微生物和寄生虫造成的生物学污染往往成为疫病的病源，用粪污施肥的田地、粪池周围的土壤污染程度最大。影响土壤中的病原微生物和寄生虫的生存和传播的因素多而复杂：一般来说，土壤浅层由于易接收阳光紫外线照射，微生物数量不多；土壤深层由于缺乏必要营养物质，微生物的分布也较少；在土壤表面下10～20cm微生物较多。细菌在温度较低时比温度较高时存活时间长；在潮湿土壤比干燥土壤存活时间长；在无消毒药物或抗菌物质的土壤中存活时间长。

当今畜牧业生产中大量使用各种微量元素添加剂，如仔猪生产中使用铜制剂可高达250mg/kg，铁制剂100mg/kg。此外，含砷生长剂也被广泛使用，据测算，一个10万只肉鸡场若连续使用有机砷生长剂15年后，周围土壤中的砷含量会增加1倍。因此，不当使用微量元素添加剂存在金属元素污染土壤的风险。

二、畜禽粪污对水体的污染

当排入水体中的粪污总量超过水体自净能力时，就会改变水体的物理、化学性质和生物群落组成，使水质变坏，给人和动物的健康造成危害。

（一）畜禽粪污污染水体的主要方式

畜禽养殖场未经无害化处理的粪水及冲洗圈舍的污水直接排出或因雨水冲刷进入河流湖泊、污水渗入地下水等会导致水质直接污染。畜禽粪污污染水体的方式主要有：粪污中的有机物腐败分解产生的有害物质、粪污产生的富营养化作用、生物病原污染等。

1. 粪污有机物腐败分解产物的污染

进入水体的粪污有机物质经厌氧或有氧分解，产生多种恶臭物质，有些能够溶解于水，使水具有臭味，不适于人畜饮用。

2. 富营养化

当粪污及污水中大量碳水化合物和氮化物等腐败性有机物质进入水体，经微生物分解产生含氮、磷等富营养成分，促使水中藻类等水生生物大量繁殖，水的生化需氧量急剧增加。这些藻类植物漂浮在水面上，遮蔽阳光，严重阻碍水下植物的光合作用，以致水中鱼虾等动物也将因为缺氧和缺乏水草等食物而不能生存。最终，藻类本身也因缺氧而死亡。水中生物的死亡和腐败产生硫化氢等，使水质发黑和变臭，这一过程称为水体的富营养化。研究证明，水中氮磷营养素含量增高是造成水体富营养化的主要根源，尤其是磷，往往在多数情况下起主导作用。一般认为水中总磷大于20mg/L、无机氮大于300mg/L时，即可确定水体为富营养化。

3. 生物病原污染

当粪污中没有经过无害化处理的病原微生物、寄生虫及其虫卵等繁殖体进入水体后，有的直接通过水体扩散和传播，有的通过水生动植物进行扩散和传播，造成污染。据报道，畜牧场所排放的每毫升污水中平均含33万个大肠杆菌和69万个肠球菌；沉淀池内每升污水中蛔虫和毛首线虫卵高达193.3个和106个。

此外，由于粪尿未能及时处理，还会造成大量蚊蝇滋生。在这样的环境中仔猪（鸡）成活率低，育肥猪增重慢，蛋鸡产蛋少，料肉（蛋）比增高，发病率增高，由此带来消毒、诊疗费用增加，养殖效益下降。

（二）畜禽粪污污染水体的危害

1. 污染水源

造成污染区域水质恶化不能饮用；水体富营养化导致水生动植物死亡、腐烂、沉淀并导致污泥增多，使水的净化处理困难增加，净化成本升高；富营养化致使水体散发难闻发臭、令人恶心的刺激性气味，影响周围居民的身心健康；用富营养化水灌溉农作物，可抑制农作物根系生长，发生烂根倒苗、生育期出现倒伏和成熟不良等。

2. 造成疾病传播

水源在受到大量的、长期的或经常性的污染时，可能造成以水或水生动物为介质的传染病和寄生虫病的流行。这些疾病除与病原的种类、数量、毒力、感染力和传播方式有关外，同时还与病原微生物或寄生虫在水中存活的时间有关。如痢疾杆菌在水中能够存活数天至数周，伤寒杆菌在地面水中存活1～3周等。

三、畜禽粪污对空气的污染

（一）畜禽粪污对空气的污染方式

畜禽粪污及其分解产物进入空气中，引起空气原有正常组成和性状发生改变，超过空气的自净能力时会对人和动物的健康产生不良影响和危害。粪污对空气的污染主要来源于养殖场圈舍内外和堆粪场、贮污池，因为这些区域的粪污分解产生的有害挥发性气体及其他污染物质的浓度高，有风时可传播很远，但随距离加大，污染物的数量和浓度会明显降低。

畜禽粪污对空气的污染主要方式主要是粪污有机物分解产生的恶臭、有害气体及携带病原微生物的粉尘。

1. 产生恶臭和有害气体

刚排泄出的畜禽粪污含有 NH_3、H_2S 等有害气体，在未能及时清除或清除后不能及时处理时其臭味将成倍增加，产生甲基硫醇、二甲二硫醚、甲硫醚、二甲胺及多种低级脂肪酸等有恶臭的气体，造成空气污染。

2. 传播疾病

干燥的粪污中带有微生物需要的养分和少量水分，同时又带有病原微生物的细微颗粒，易被风刮起进入空气中，很容易形成微尘微生物病源，传播人和家畜的传染性疾病。一般认为，畜舍中的细菌总数不应超过 2.5 万个 /m^3，但在空气受到污染情况下，畜舍空气中的细菌总数远远超过上述指标。资料表明，一个年产 10.8 万头肥猪的猪场，每小时可向大气排放 15 亿个菌体、25.9kg 饲料粉尘，对大气的污染半径可达 4.5 ～ 5km。

（二）畜禽粪污污染空气的危害

1. 影响人畜健康

畜禽粪污产生的恶臭和有害气体通过中枢神经系统的反射调节作用于各器官系统，产生多系统的机能障碍。人受到恶臭刺激后，可引起兴奋和抑制过程紊乱，使人烦躁不安，精神不振，思想不集中，判断力和记忆力减退，产生厌恶感，心理状态变差，工作效率降低。长期接受恶臭刺激，会引起嗅觉疲劳，使嗅觉阈值提高。但嗅觉阈值的提高，会使人对恶臭的反应迟钝，在恶臭浓度达到或接近致死量时，仍然毫无感觉和反应，可能引起中毒或死亡。在高密度饲养通风不良的畜舍中，恶臭是使畜禽烦躁不安，出现咬尾咬耳、啄肛啄羽的重要原因之一。

恶臭对中枢神经系统的作用可反射性地引起呼吸抑制，使呼吸变浅变慢，肺活量减小，严重时导致呼吸困难，闭气晕倒，由此造成的血液供氧不足，会使心血管系统代偿性功能加强，负担加重，引起心血管系统疾病，进而影响代谢功能。

2. 影响畜禽生产性能

养殖场粪污产生的空气污染会引起畜禽应激反应，会引起畜禽疾病流行、畜禽慢性中毒，使畜禽抵抗力和成活率降低，死亡率、发病率、淘汰率升高，致使畜禽生产力下降，严重影响养殖生产和经济效益。

3.影响生态环境

主要表现为：畜禽粪污污染空气，对人和动植物直接产生危害；造成土壤酸化，危害土壤；污染水体，危害水生动植物；造成生态环境恶化，影响居民生活等。

四、畜禽粪污污染对农畜产品的影响和危害

（一）对农田及农产品的影响与危害

在饲养环节中给畜禽使用过量抗生素和饲料添加剂，畜禽粪污中也会残留抗生素及添加剂。未经无害化处理的畜禽粪污长期直接还田，残留在粪污中的抗生素和砷、铜、锌及其他微量元素在土壤中富集，会造成土壤重金属污染，对农作物产生毒害作用，进而危害动物身体健康；畜禽粪污容易孵化虫卵，降低农作物产量，畜禽粪污二次发酵，会使土壤温度过高，容易导致农作物烧苗烧根，影响其生长，生产效率下降。

（二）对畜产品的影响与危害

在畜禽日粮中添加抗生素、重金属、微量元素、激素、镇静剂或兴奋剂等，会导致畜产品污染。在饲料中添加高剂量铜、锌和砷制剂，会导致猪肌肉和内脏中铜、锌和砷的含量上升，过量食用会对人体产生毒害作用。长期给畜禽饲用高铜、高锌和高砷日粮会发生严重的畜产品中毒事件。按 NRC 标准规定，畜禽对铜的需要量在 10mg/kg 以下，对锌的需要量为 30～60mg/kg。

五、其他养殖废弃物的污染与危害

畜牧养殖中产生的废弃物除粪尿以外还有养殖场内剖检或死亡的家畜尸体，家畜分娩后的胎衣，畜产品加工过程中产生的污水及加工废弃物，鼠、蚊蝇等昆虫的滋生，饲料粉尘、畜舍灰尘、烟尘，孵化过程中的死胚、蛋壳等。尽管有些废弃物数量不多，但对环境的危害却很大，特别是某些患有重大传染病的病畜尸体，如未经严格处理，会产生严重后果。

第五章 畜禽粪污处理及利用技术

畜禽粪污资源化利用是畜禽粪污处理的最佳途径，包括粪污收集、输送、贮存、处理及加工利用等多个环节，是一项系统性工程。粪污中所含的有害成分与畜禽种类、饲养所用饲料养分代谢、生产管理等有直接关系，也可通过空气净化、调整畜禽日粮蛋白等措施降低粪污污染。因此，在粪污处理利用过程中要综合考虑粪污来源、利用价值，按照源头减量、过程控制、末端利用的原则选择粪污处理和利用技术。

第一节 畜舍清粪技术

畜舍清粪技术是指从畜舍中清除畜禽粪尿以及污水的方法与过程。清粪包括将畜禽粪污、垫料及其他垃圾与污水由畜舍运到指定贮放地点的全过程。清粪是畜禽养殖场生产的一个重要环节，也是畜舍环境与养殖场环境管理的主要内容。目前畜禽粪污的清理方式有很多种，根据养殖规模和机械化程度所采取的清粪工艺有所不同。

一、人工清粪

人工清粪，即人工利用铲板等工具将畜舍粪污收集运至堆粪场或田间地头进行堆积发酵，是小规模养殖场及养殖户普遍采取的清粪方式。一般是在粪污与垫料混合或畜舍内有排尿沟对粪尿进行分离时，粪污呈半干状态，此时多采用人工清粪。由饲养员定期对舍内粪污进行人工清理，尿液和冲洗畜舍产生的污水通过畜舍一侧排尿沟排入贮存池中。清理时要合理安排时间，一般每天2～3次。

人工清粪不需要特殊的设施设备，投资少、耗电量少，操作简单灵活；但工作强度大、环境差，工作效率低。在规模化养殖场这种清粪方式逐步由机械清粪方式取代。

二、半机械清粪

半机械清粪就是利用拖拉机、铲车等小型装载机进行清粪。目前，青海省肉牛、奶牛、肉羊养殖场利用铲车清粪较多，是一种由人工清粪向机械化清粪的过渡方式。利用铲车把粪污推到畜舍一端的堆粪池，或者装载到粪污运输车拉运至堆粪场堆积发酵。

半机械式清粪，操作较灵活，不仅降低了工作强度和人工成本，还提高了工作效率，但车辆购置改装及运行成本高，适合于散养方式粪污的清理，待牛羊采食结束后再进行清粪。工作时噪声大，对牛羊易造成惊吓和伤害。

三、机械化清粪

（一）刮粪板清粪

刮粪板清粪系统主要由刮粪板和动力装置组成。清粪时，动力装置通过链条带动刮粪板沿着地面前行，将地面上的粪推至积粪沟中。刮粪板清粪方式可以随时根据地面粪污情况清粪，设备操作简单，安全可靠。刮板的高度及运行的速度适中，噪声小，对牛群的行走、饲喂及休息不会造成影响。省时、省力，不需要其他设备，但初期投资大，需要定期对转角轮进行润滑维护和配套建设积粪池。

（二）传送带式清粪

传送带式清粪在商品蛋鸡标准化规模养殖中较常见，主要应用于商品蛋鸡多层层叠式笼养，可减少鸡粪含水率与舍内有害气体含量，提高鸡粪原料质量和鸡舍生物安全水平。传送带式清粪系统由舍内的纵向传送带清粪设备、横向传送带清粪设备以及舍外斜向带式输送机 3 个部分组成，包括电机、减速机、链传动、主动轴、被动轴和传送带等部分。

笼养蛋鸡鸡群产出鸡粪零散地落在清粪带上，在纵向流动空气或鸡笼中间风管的作用下，鸡粪的大部分水分带出舍外或显著减少，使鸡粪含水量大大降低。在粪污清理时，由于清粪带平整光滑，被清出舍外的鸡粪呈颗粒状，易于后续加工处理，并降低了鸡舍内的氨气浓度。鸡粪从舍内输送至舍外粪车或相邻有机肥厂输送管道全过程，鸡粪不落地，生物安全水平显著提高。

四、发酵床

发酵床是综合利用微生物学、生态学、发酵工程学原理，以活性功能微生物菌作为物质能量"转换中枢"的一种生态养殖模式。该技术的核心在于利用微生物复合菌群长期和持续稳定地将动物粪尿废弃物转化为有用物质与能量，同时实现动物的粪尿完全降解的无污染、零排放的目的，是当今国际上一种最新的环保型养殖模式。

生物发酵床处理技术是用锯末、稻壳、秸秆等配以专门的微生物制剂来制作成垫料，畜禽在垫料上生活，粪尿排泄在垫料里，垫料里的有益微生物能够迅速降解粪尿，不需要清粪和处理污水，从而没有任何废弃物排出场外，做到了无污染、零排放，较好地解决了养殖场环境污染同时改善了动物的生活环境和福利。目前，普遍采用机械翻料的方式，解决了传统人工翻料，劳动强度较大的问题。

通常情况下在发酵床底层先铺一层谷壳或秸秆以使底部透气，再铺一层木屑以增加吸水，每层 10 ～ 20cm。将锯末、谷壳物料均匀铺设，控制垫料湿度保持在 40% ～ 60% 范围内，不超过 65%。发酵床在消化分解粪尿的同时，垫料也会逐步损耗，床面会自行下沉，当床面下沉 5 ～ 10cm 时，考虑补充垫料。提供充分发酵所需氧气，保持适宜发酵温度。使用后的发酵床垫料直接出售农业利用或生产有机肥。

生物发酵床养殖技术适合小规模养殖场使用。利用发酵床养殖，畜禽很少得病，但正常免疫和消毒不可缺少。

发酵床养殖对于北方冷季养殖具有保持舍温的作用。由于发酵床养殖过程中不需要每天人工清粪和冲洗圈舍，一方面可以减轻饲养员劳动强度和减少饲养人员，节约人工支出，另一方面可以减少水资源消耗，节约水费。但发酵床对温度、湿度控制要求高，需要养殖户懂得发酵床的原理，也面临原材料收集难度越来越大的情况，实际操作难度较大，相对成本高，易死床。

五、水冲粪

水冲式清粪是粪尿污水混合进入缝隙地板下的粪沟，每天数次从粪沟一端的高压喷头放水冲洗的清粪方式。粪水顺粪沟流入粪污主干沟，进入地下贮粪池或用泵抽吸到地面贮粪池。该清粪方式的运行费用主要包括：水费、电费和维护费。1 头猪每天需用水 20 ～ 25L，电费主要来自水喷头和污水泵用电。水冲式清粪的优点有：水冲粪方式可保持猪舍内的环境清洁，有利于动物健康。劳动强度小，劳动效率高，有利于养殖场工人健康，在劳动力缺乏的地区较为适用。水冲式清粪的缺点在于：耗水量大，1个万头养猪场每天需消耗大量的水（200～250m³）来冲洗猪舍的粪污。污染物浓度高，COD为15 000～25 000mg/L，BOD为7 000～10 000mg/L，SS（悬浮固体）为17 000～20 000mg/L。固液分离后，大部分可溶性有机质及微量元素等留在污水中，污水中的污染物浓度仍然很高，而分离出的固体物养分含量低，肥料价值低。该工艺技术上不复杂，不受气候变化影响，但污水处理部分基建投资及动力消耗也很高。

六、水泡粪（尿泡粪）

水泡粪清粪是在猪舍内的排粪沟中注入一定量的水，粪尿、冲洗和饲养管理用水一并排放缝隙地板下的粪沟中，储存一定时间后（一般为1～2个月），待粪沟装满后，打开出口的闸门，将沟中粪水排出。粪水顺粪沟流入粪污主干沟，进入地下贮粪池或用泵抽吸到地面贮粪池。运行费用主要包括：水费、电费和维护费。1头猪每天需用水10～15L，电费主要来闸门自动开关系统和污水泵用电。水泡粪清粪优点为：比水冲粪工艺节省用水和节省人力，工艺技术不复杂，不受气候影响。水泡粪清粪缺点为：由于粪污长时间在猪舍中停留，形成厌氧发酵，产生大量的有害气体，如H_2S（硫化氢）、CH_4（甲烷）等，恶化舍内空气环境，危及动物和饲养人员的健康。粪水混合物的污染物浓度更高，后处理也更加困难。另外，污水处理部分基建投资及动力消耗也较高。

七、干清粪

干清粪技术是畜禽粪尿固液分离，单独清除粪污的养殖场清理工艺，能及时、有效地清除畜禽舍内的粪污、尿液，持续保持畜禽舍内的环境卫生，充分利用劳动力资源丰富的优势，减少粪污清理过程中的用水、用电，保持固体粪污的营养物，提高有机肥肥效，降低后续粪尿处理的成本。

干清粪工艺的主要方法是，粪污一经产生便进行分流，干粪由人工或机械收集、清扫、运走，尿及冲洗水则从下水道流出，分别进行处理。这种技术固态粪污含水率低，粪中营养成分损失小，肥料价值高，便于高温堆肥或其他方式的处理利用，产生的污水量少，污染物含量低，易于净化处理，是目前理想的清粪技术之一。

通常根据养殖场规模情况可选择人工或机械清粪工艺。人工清粪是指利用清扫工具人工将畜禽舍内的粪污清扫收集。机器清粪是指采用专用的机械设备进行清粪，适用于中型及以上规模养殖场。养猪场通常采用链式刮板清粪机或往复式刮板清粪机等机械，养牛场的清扫及废物的装卸通常使用可伸缩全轮驱动装载机，养鸡场通常采用传送式鸡粪输送装置。

以万头猪场为例，机械干清粪和尿泡粪污水浓度情况见表 5-1。目前，水冲粪水和人工清粪工艺已难以适应大型规模化养殖场的技术需要，微生物发酵技术可实现零污染、无臭气，但其会增加场区占地面积，菌种受抗生素等药物影响较大，会增加养殖场防疫难度。因此机械干清粪和尿泡粪工艺相比，其工艺固体养分的损失小，是未来规模化养殖场清粪工艺的趋势。

表 5-1　机械干清粪和尿泡粪污水浓度情况

进水指标		COD（mg/L）	NH_3-N（mg/L）	TP（mg/L）	SS（mg/L）	pH 值
刮板尿液		≤ 10 000	≤ 1 000	≤ 200	≤ 8 000	6 ～ 9
尿泡粪	10d	≤ 12 000	≤ 1 000	≤ 400	≤ 12 000	6 ～ 9
	30d	≤ 20 000	≤ 1 200	≤ 700	≤ 15 000	6 ～ 9

采用干清粪工艺的畜禽养殖场户，若原有舍内清粪频率较低，可适当将清粪频率增加 1 ～ 2 次 /d，减少粪尿在舍内停留时间；采用水泡粪工艺的畜禽养殖场户，选择深坑贮存或浅坑贮存工艺，必要时配置地沟风机，每头育肥猪日均粪污产生总量不超过 $0.015m^3$。

凡是新建、改建或是扩建的养殖场一般都应采取用水量少的干清粪工艺，减少污染物的排放总量，降低污水中的污染物浓度，以降低处理难度及处理成本，同时可使固体粪污的肥效得以最大限度地保存和便于其处理利用。

第二节　粪污贮存技术

养殖场粪污贮存方式因粪污的含水量不同而采取不同的贮存方法。固态（含固率大于 30%）和半固态（含固率 20% ～ 30%）粪污可直接运送至堆粪场贮存，液态（含固率小于 10%）和半液态（含固率 10% ～ 20%）粪污一般先在贮粪池中沉淀后，再进行固液分离，分离后的固态粪污运至堆粪场贮存，液态部分输送至污水贮存池或沼气池进行再处理。贮存设施应远离各类功能地表水体，距离不小于 2 000m。贮存设施还应采取有效的防渗处理，防止污染地下水，修建盖顶防止雨水进入和意外发生。

一、堆粪场

堆粪场多采用地上方式修建，为倒梯形或长方形。地面采用水泥、砖等修建而成，具有防渗功能，墙面用水泥或其他防水材料修建，顶部为彩钢或其他材料的遮雨棚，防止雨水进入。地面向墙体稍稍倾斜，墙角设有排水沟，半固态粪污的液体和雨水通过排水沟进入设在场外的污水池。堆粪场适用于干清粪方式清粪或固液分离处理后的固态粪污的贮存。一般修建在养殖场的下风口，远离生产区。堆粪场的大小根据养殖场规模和固体粪污的贮存时间确定，用作肥料还田的还要考虑还田季节等合理设计和建造堆粪场容量。

二、储粪池

储粪池一般应选在生产区的下风向，靠近污道，便于粪污的清运。一般为地上式、半地上式，也有采用全地下式。地上式一般高出地面 1.5 ～ 2m，半地下式一般地面上下各 1m，储粪池一般为长方形和正方形，设有进、出粪口，要求两个单元以上，可做到轮换使用。池体四周墙壁采用实心砖砌筑，墙面水泥砂浆抹光，浆厚度不得低于 10mm，地面夯实浇筑 20cm 左右厚混凝土，并进行防水处理，其上搭建雨棚，底部留有渗沥液排出口通向污水池，上覆开放式或半开放式防雨上盖。建设位置应选在生产区的下风向，靠近污道，便于粪污的清运。

在干清粪方式下，粪污堆放场所容积为：每 10 头猪（出栏）约 1m³，每 1 头肉牛（出栏）或每 2 头奶牛（存栏）约 1m³，每 1 000 只肉鸡（出栏）或每 250 只蛋鸡（存栏）约 1m³。

三、沉淀池

沉淀池是利用重力沉降作用将密度比水大的悬浮颗粒从水中去除的污水处理设施。在重力作用下，粪污中部分密度大于 $10^3kg/m^3$（水的密度）的悬浮固体依靠自然沉降从粪污中分离出来。沉淀池可分为舍边的一级沉淀池、流通过程的二级沉淀池和最终汇集的三级沉淀池。一级、二级沉淀池要靠近污道，三级沉淀池应选在生产区的下风向的储粪池附近，便于粪污的清运。三级沉淀池为全地下式，深度在 2 ～ 2.5m，一般为上大下小的梯形，设有进污口和清污口，建成 3 个以上梯度单元，水泥底厚度 25cm 左右，并进行防水处理，加盖防雨，做到"防雨、防渗和防溢流"三防要求。为避免沼气产生应注意留有通风口。

沉淀池容积不小于单位畜禽日粪污产生量（m³）×贮存周期（d）×设计存栏量。单位畜禽粪污的产生量推荐值为：生猪0.01m³、奶牛0.045m³、肉牛0.017m³、家禽0.000 2m³，具体可根据养殖场实际情况核定。三级沉淀池体积应容纳2个月以上的污水尿液产生量，每出栏1头生猪（肉牛和奶牛可以按照相应关系换算，出栏1头肉牛或存栏2头奶牛相当于出栏10头猪）三级沉淀池体积不少于0.3m³。

四、废弃物处理设施

废弃物是指病死畜禽、孵化繁殖废弃物（蛋壳、死胎、胎衣等）、过期兽药、残余疫苗和疫苗瓶等。养殖场要在粪污处理区建设小型焚烧炉或化尸池，对废弃物和病死畜禽进行无害化处理。

小型焚烧炉设在专门场所，一般位于粪污处理区附近，主要用于蛋壳、死胎、胎衣、过期兽药、残余疫苗、疫苗瓶和要求必须进行焚烧处理的动物尸体（牛、猪等大动物须到无害化处理中心进行集中处理）的处理，养殖场配备的焚烧炉处理能力应在25～50kg/h。

化尸池应建在生产区的下风向，且与生产区有一定的距离，主要用于小型动物尸体的处理。化尸池一般为地下圆井形，深4～5m，口径2m左右，由水泥底、四周砖墙和钢筋混凝土，并进行防水处理，加盖防雨，并注意通风，使用时定期填加消毒药品。

五、雨污分离

养殖场建立严格的自然雨水、生产污水两个独立的排水系统和排水设施，一般采用斜坡式，并保持畅通。雨水沟主要用于收集场内的天然雨水，可采用方形明沟，深度为30cm，沟底有1%～2%的坡度，上口宽30～60cm，要防止污水流入，收集后的雨水可直接向农田和坑塘排放，也可流入专门的水窖，以备以后生产使用。尿液和生产生活污水采用暗沟布设，深度达到冬季冻层以下（1m以下），可用水泥管和PVC管作为管道，注意防止冬季冻结，如果过长可增设沉淀井（15m左右），可防止堵塞，污水最终排入沉淀池，经沉淀池处理利用。

六、固液分离

固液分离是生猪和奶牛养殖场普遍采用的一种粪污前处理工序，利用物理或化学的方法，使用机械设备和设施将畜禽粪污中的固形物与液体分开，此方法可以把粪污中的悬浮固体、杂草、长纤维等分离出来，从而降低粪污COD 的含量，目前，养殖场户固液分离主要采用化学沉降、螺旋挤压、重力沉降、离心分离和过滤。固液分离后的畜禽粪污分为两部分，一种是固体粪污，一种是液体粪污。固体粪污便于运输，可进入堆肥等处理环节。液体粪污中的含固率减少，而且有机物含量降低，进入氧化塘等液体粪污处理设施，经过长期贮存发酵后可进行还田处理，或者处理后达标排放，减少管道堵塞和污泥产生，从而大大减少了粪污处理负荷和处理成本。

第三节　固体粪污处理技术

一、好氧堆肥处理技术

（一）堆肥基本原理

堆粪是在人工控制粪污水分、碳氮比和通风条件下，通过微生物作用，对固态粪污中的有机物进行分解使之矿质化、腐殖化和无害化的过程。

堆肥的高温不仅可以杀灭粪污中的各种病原微生物和杂草种子，使粪污达到无害化，还能生成可被植物吸收利用的有效养分，具有改良和调节土壤作用。好氧堆肥处理具有运行费用低、处理量大、无二次污染等优点。

堆肥分为好氧堆肥和厌氧堆肥两种，好氧堆肥是依靠专性或兼性好氧微生物的作用，使有机物降解的过程，好氧堆肥分解速度快、周期短、异味少、有机质分解充分等特点。厌氧堆肥也是依靠专性或兼性微生物的作用，使有机物降解的过程，但厌氧堆肥分解速度慢、发酵周期长，在堆制过程中易产生臭气。目前，养殖场为加快固体粪污处理过程，降低堆粪场修建成本等，主要采用好氧堆肥的方式处理固体粪污。

（二）好氧堆肥

好氧堆肥是在有氧条件下，有机废物通过好氧菌自身的生命活动氧化还原和生物合成，将废物部分氧化成简单的无机物，同时释放出可供微生物生长、活动所需的能量，而另一部分则被合成新的细胞质，使微生物不断生长、繁殖的过程。通过好氧堆肥后还田，是畜禽养殖场固体粪污利用的效果较好、投资较少的一种模式。堆肥过程中释放的热量使堆体温度升高并保持在 55℃以上，可有效杀灭有害微生物和杂草种子，从而实现粪污无害化，并用于生产有机肥料。

1. 工艺流程

一般畜禽粪污的好氧堆肥主要包括预处理、高温发酵、腐熟、后处理和贮存等一系列工序。具体好氧堆肥工艺流程如图 5-1 所示。

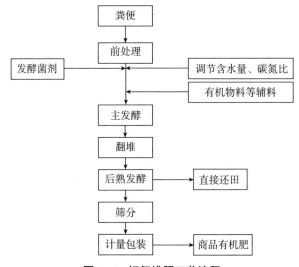

图 5-1　好氧堆肥工艺流程

（1）预处理。畜禽粪污预处理主要是调整水分和碳氮比等条件，使之满足微生物发酵的条件，预处理后应达到下列要求。

堆肥粪污的起始含水率应为 40%～60%，水分含量过高，会使空气含量下降，堆温下降，形成发臭的中间产物。水分含量过少则不能满足微生物生长的需要，有机物难以分解，造成腐熟不完全。

碳氮比（C/N）应为（20～30）∶1，一般猪粪的碳氮比为 12.6∶1，鸡粪的碳氮比为 10∶1，不易直接发酵，可通过添加植物秸秆、稻壳等物料进行调节，必要时须添加菌剂和酶制剂。

堆肥粪污的 pH 值应控制在 6.5～8.5，如果粪污 pH 值偏低，可以向堆料中加入少量的熟石灰或碳酸钙；如果 pH 值过高，则可以加入新鲜绿肥或青草，分解产生有机酸。

（2）好氧发酵。好氧发酵过程应满足下列要求：发酵过程温度宜控制在55～65℃，且持续时间不得少于5d，最高温度不宜高于75℃，温度过高时，可以通过翻堆、通风等方法进行调节；堆肥时间应根据碳氮比（C/N）、湿度、天气条件、堆肥工艺类型及废物和添加剂种类确定；堆肥物料各测试点的氧气浓度不宜低于10%，氧气浓度过低时，也可通过翻堆、通风等方法进行调节；发酵结束后，应符合下列条件：碳氮比（C/N）不大于20∶1；含水率为20%～35%；堆肥应符合 GB 7959 中关于无害化卫生要求的规定；耗氧速率趋于稳定；腐熟度应大于等于Ⅳ级。

（3）后处理。发酵结束后应对发酵物进行后处理，以确保堆肥制品的质量合格。后处理通常由再干燥、破碎、造粒、过筛、包装至成品等工序组成，具体可根据实际需要确定。按照《畜禽养殖业污染治理工程技术规范》的要求，堆肥制品应符合下列要求：堆肥产品存放时，含水率应不高于30%，袋装堆肥含水率应不高于20%；堆肥产品的含盐量应在1%～2%；成品堆肥外观应为茶褐色或黑褐色、无恶臭、质地松散，具有泥土气味。

2. 堆肥分类及处理方法

按照堆肥复杂程度以及设备使用情况，堆肥主要分为条垛式、强制通风和槽式堆肥三大类。条垛式堆肥主要通过人工或机械的定期翻堆配合自然通风，维持堆体好氧状态；强制通风是在堆肥过程中不翻堆，利用鼓风机等设备将空气强制输送到堆体内保持好氧状态；槽式堆肥是在一个或几个容器内进行，通风和水分条件得到了更好控制。

（1）条垛堆肥。条垛堆肥是传统的堆肥方法。条垛堆肥时将粪污和堆肥辅料按照适当的比例混合均匀后，将混合物料在土质或水泥地面上堆制成长条形堆垛。条垛的断面可以是梯形、不规则四边形或三角形。条垛堆肥的特点是通过定期翻堆的方法进行通风供氧。

条垛堆肥的最大优点是设备投资低，仅需翻斗小车即可满足要求；该技术简便易行，操作简单；堆垛长度可根据粪污量自由调节。缺点是堆垛高度通常为1～1.2m，因此占地面积相对较大；堆垛发酵和腐熟较慢，堆肥周期长。如果在露天进行条垛堆肥，不仅有臭气排放，而且易受降雨等不良天气的影响，因此建议在简易大棚中进行，以便于臭气的收集和处理。

场地要求：堆肥场地必须坚固，场地表面材料常用混凝土，防渗透、防雨。场地面积要与固体粪污处理量适应。

条垛堆制：将混合均匀的堆肥物料堆成长条形的堆或条垛。在不导致条垛倾塌和影响条垛通风的前提下，尽可能地堆高。一般条垛规格为，垛宽2～4m，垛高1～1.5m，长度不限。条垛太大则在翻堆时有臭气排放，条垛太小则散热快，保温效果不好。最好在堆垛表面覆盖约 30cm 厚的腐熟堆肥，以减少臭味扩散和保持堆体温度。

翻堆：采用人工或机械方法进行堆肥物料的翻转和重新堆放。翻堆的作用是保证物料供氧和促进有机质的均匀降解，以满足杀菌和无害化的需要。翻堆次数根据条垛中微生物的耗氧量来决定，堆肥初期要勤翻，一般 2 ～ 3d 翻堆 1 次，当温度超过 70℃时要增加翻堆次数。

（2）强制通风堆肥。强制通风堆肥是指将混合堆肥物料堆放在铺有多孔通风管道地面的通风管道系统上，利用鼓风机将空气强制输送至堆体物料中进行好氧发酵。如果空气供氧充足，堆料混合均匀，堆肥过程中一般不进行物料翻堆，堆肥周期 3 ～ 5 周。

强制通风堆肥设计时要根据原料的透气性、天气条件以及所用的设备能达到的距离来建造堆体。建造相对较高的堆体有利于冷季保温。可在堆体表面覆盖一层腐熟物料，用于堆体保温、绝热和防止热量损失。

（3）槽式堆肥。槽式堆肥是将可控通风和定期翻堆相结合的方法。堆肥过程发生在长而窄的槽通道内。槽墙体作为支撑放置翻堆机和轨道。原料由布料斗放置在槽的首端或末端，随着翻抛机在轨道上移动、搅拌，堆肥物料向槽的另一端位移。当原料基本腐熟时，能刚好被移出槽外。

槽式翻抛机用旋转的桨叶或连枷使原料粉碎、通风。槽式翻抛机可通过自动控制系统操作。发酵槽的尺寸根据物料量的多少及选用的翻堆设备类型决定，槽的宽度根据翻堆机跨度而定。常用的翻堆设备有搅拌式翻堆机、链板式翻堆机、双螺旋式翻堆机等。一般每 1 ～ 2d 翻堆 1 次。槽式翻堆堆肥工艺自动化程度较高，生产环境好，适用于大中型养殖场、养殖小区。

二、反应器堆肥技术

反应器堆肥技术是指将畜禽粪污、秸秆等有机废弃物混合后，置于密闭容器中进行好氧发酵处理，实现快速无害化和肥料化。常见的反应器堆肥装置有箱式反应器、立式筒仓反应器和卧式滚筒反应器等。原料经除杂、粉碎、混合等预处理后，调节含水率至 45% ～ 65%，随后置入反应器内进行高温堆肥，反应器堆肥发酵温度达到 55℃以上的时间应不少于 5d，然后对发酵物料进行二次腐熟后，可还田利用。该技术模式自动化水平较高，便于控制臭气污染，粪污处理效率较高，但相比于简易堆沤模式投资成本稍大。

三、纳米膜堆肥技术

传统的堆肥发酵属于开放式发酵，对周围环境污染严重，且易受环境因素影响，发酵过程温室气体、臭气等产排量较大，易造成环境的二次污染。而覆膜式好氧纳米膜高温好氧堆肥发酵技术具有环境适应能力强、发酵效果好（覆盖膜系统的微正压环境，可确保温度均匀分布，效果不受任何气候和环境的影响；同时可保证氧渗透到每个角落，减少厌氧区）、投资和运行成本低和环保效益好等优点。

由于纳米膜堆肥采用新膜材进行覆盖发酵，所以可以露天进行发酵，且膜材具有单向透过性，可以有效地隔绝臭气和外部水分子，但是内部的水蒸气可以正常通过，更好地保证内部的发酵状态。可以根据不同地区的气候定制特殊膜材，使得不同气候、湿度下的发酵物能在膜材的覆盖下获得一个良好的发酵环境。

纳米膜堆肥发酵由供风系统、膜覆盖发酵系统、智能控制系统组成，投资成本仅需其他反应器发酵的 30%，大大降低了投资成本，而且运营成本低，相较于传统运营成本，纳米膜发酵在运营成本方面降低了 90%，具有无人值守功能。

四、堆沤还田技术

堆沤还田技术是将易腐垃圾、农作物秸秆、人畜粪污等有机废弃物，通过静态堆沤处理后科学还田利用。发酵时间一般不少于 90 d。主要设施为堆沤池或堆沤设备，应具有防雨、防渗等功能。该技术模式操作简单、建设和运行成本较低，但发酵周期较长，须采取臭气和蚊蝇控制措施。主要技术路线如图 5-2 所示。

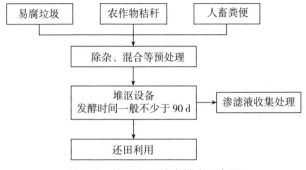

图 5-2 堆沤还田技术模式示意图

根据固体粪污含水量，适当添加木屑、碎秸秆等物料，保证成堆。选择适宜地点进行密闭厌氧发酵，沤肥期应不少于60d。沤肥时宜选择向阳、地势较高、相对平坦的空地，底部须进行防渗处理，四周用塑料膜等密封或覆土，同时做好防雨处理。

堆沤还田技术主要有以下特点。

利用方便。通常情况下采用腐熟秸秆，可以将秸秆就地堆制，不需要额外添加土壤，翻堆次数比普通堆肥方法少，一次性成肥效率高，降低了劳动强度，既省工又省力。

增产节肥。采用有机废弃物堆肥，可使成肥有机质达到60%，而且含有8.5%～10%的氮、磷、钾及微量元素，更容易被作物吸收。据研究，水稻、小麦或油菜平均增产3%以上。通过秸秆腐熟，既增加了土壤有机质含量，提高了地力，又减少了作物生长中后期化肥的施用量。

杀灭病虫。由于堆肥过程中堆温较高，可以杀灭有机废弃物中的病菌、虫卵及杂草种子，减轻病虫害及污染。再加上菌剂中含有多种有益的微生物，能在堆制过程中施入土壤后大量繁殖，抑制土壤中的致病细菌，减轻作物病害。

堆沤还田技术是将粪污中的难溶性有机质转化为可溶性有机质，以利于植物吸收。但是难溶性有机质施入土地后，容易再次发酵发热；同时黏性物质可吸附在农作物根上，阻碍了根系的正常呼吸，以上原因可能造成农作物的死亡，就是常说的烧根现象。

五、粪污燃料化利用技术

目前，国内外的畜禽粪污燃料化途径主要有沼气处理法和粪污燃料化处理。

沼气法是一种多功能的生物技术，不但适于畜禽的工厂化大规模生产，而且对于家庭的小规模养殖也非常有效。通常采用尿泡粪工艺，粪尿混合收集后，全部进入沼气池进行处理，产生的沼液和沼渣农田利用。采用漏缝地板工艺，不需要清粪，可减少养殖场劳动用工，便于组织规模化生产。不进行干湿分离，粪尿全部沼气处理，产气量大。将粪污排入沼气池中，通过厌氧菌发酵，降解粪污中颗粒状的无机、有机物，产生的沼气可作为能源用于发电、照明和燃料。沼渣和干粪可直接出售或用于生产有机复合肥；出水即可进入自然处理系统（氧化塘或土地处理系统等），也可直接作肥料用于农田施肥。

粪污燃料化利用模式（生物干化、生物质压块燃料）是指畜禽粪污经过搅拌后脱水加工，进行挤压造粒，生产生物质燃料棒。畜禽粪污制成生物质环保燃料，作为替代燃煤生产用燃料，成本比燃煤价格低，减少二氧化碳和二氧化硫排放量，但是粪污脱水干燥能耗较高，后期维护费用更为高昂。

在通常情况下，用畜禽粪污制成燃料，简单易行、成本低廉。粪污收集后混入少量煤炭或碎秸秆等干物质搅拌后成型经自然晒干或者风干进行脱水加工，再经过挤压造粒，最终形成燃料产品。这种生物质燃料棒易燃耐燃，可作为煤炭的替代品，在不同规模的养殖场内均可操作。

第四节　液体粪污处理技术

畜禽养殖场未经处理的污水中含有大量污染物质，养殖污水长时间渗入地下，使地下水中的硝态氮或亚硝态氮浓度增高，导致水质恶化，危及周边生活用水水质。高浓度污水还可导致土壤孔隙堵塞，造成土壤透气、透水性下降及板结、盐化，严重降低土壤质量，甚至伤害农作物，造成减产和死亡。

畜禽养殖废水无论以何种工艺或综合措施进行处理，都要采取一定的预处理措施。通过预处理可使废水污染物负荷降低，同时防止大的固体或杂物进入后续处理环节，造成设备的堵塞或破坏等。针对废水中的大颗粒物质或易沉降的物质，通常采用过滤、离心、沉淀等固液分离技术进行预处理，常用的设备有格栅、沉淀池、筛网等。格栅是污水处理的工艺流程中必不可少的部分，其作用是阻拦污水中粗大的漂浮和悬浮固体，以免阻塞孔洞、闸门和管道，并保护水泵等机械设备。沉淀法是在重力作用下将重于水的悬浮物从水中分离出来的处理工艺，是废水处理中应用最广的方法之一。目前，凡是有废水处理设施的养殖场基本上都是在舍外串联 2 ~ 3 个沉淀池，通过过滤、沉淀和氧化分解将粪水进行处理。筛网是筛滤所用的设施，废水从筛网中的缝隙流过，而固体部分则凭机械或其本身的重量，截流下来，或推移到筛网的边缘排出。常用的畜禽粪污固液分离筛网有固定筛、振动筛和转动筛。此外，还有常用的机械过滤设备，如自动转鼓过滤机、转辊压滤机、离心盘式分离机等。

畜禽养殖废水的主要处理方法主要有自然处理、厌氧处理、好氧处理、酸化处理技术和混合处理等方法。

一、自然处理法

自然处理法是利用水体、土壤和生物的物理、化学与生物的综合作用来净化污水。其净化机理主要包括过滤、截留、沉淀、物理和化学吸附、化学分解、生物氧化以及生物的吸收等。这类方法投资省、工艺简单、动力消耗少，但净化功能受自然条件的制约。自然处理的主要模式有氧化塘、土壤处理法、人工湿地处理法等。

氧化塘又称为生物稳定塘，是一种利用天然或人工整修的池塘进行污水生物处理的构筑物。其对污水的净化过程与天然水体的自净过程很相似，污水在塘内停留时间长，有机污染物通过水中微生物的代谢活动而被降解，溶解氧则由藻类通过光合作用和塘面的复氧作用提供，亦可通过人工曝气法提供。作为环境工程构筑物，氧化塘主要用来降低水体的有机污染物，提高溶解氧的含量，并适当去除水中的氮和磷，减轻水体富营养化的程度。

土壤处理法不同于季节性的污水灌溉，是常年性的污水处理方法。将污水施于土地上，利用"土壤 – 微生物 – 植物"组成的生态系统对废水中的污染物进行一系列物理的、化学的和生物净化过程，使废水的水质得到净化，并通过系统的营养物质和水分的循环利用，使绿色植物生长繁殖，从而实现废水的资源化、无害化和稳定化。

人工湿地可通过沉淀、吸附、阻隔、微生物同化分解、硝化、反硝化以及植物吸收等途径去除废水中的悬浮物、有机物、氮、磷和重金属等。近年来，人工湿地的研究越来越受到重视。

自然处理法投资少、运行费用低，在有足够土地可利用的条件下，它是一种较为经济的处理方法，特别适宜于小型畜禽养殖场的废水处理。

二、厌氧处理技术

厌氧处理特点是造价低，占地少，能量需求低，还可以产生沼气，而且处理过程不需要氧，不受传氧能力的限制，因而具有较高的有机物负荷潜力，能使一些好氧微生物所不能降解的部分进行有机物降解。常用的方法有完全混合式厌氧消化器、厌氧接触反应器、厌氧滤池、上流式厌氧污泥床、厌氧流化床、升流式固体反应器等。目前国内养殖场废水处理主要采用的是上流式厌氧污泥床及升流式固体反应器工艺。

三、好氧处理技术

好氧处理的基本原理是利用微生物在好氧条件下分解有机物，同时合成自身细胞（活性污泥）。在好氧处理中，可生物降解的有机物最终可被完全氧化为简单的无机物。该方法主要有活性污泥法和生物滤池、生物转盘、生物接触氧化、序批式活性污泥、A/O及氧化沟等。采用好氧技术对畜禽废水进行生物处理，这方面研究较多的是水解与SBR（Sequencing batch reactor）结合的工艺。SBR工艺，即序批式活性污泥法，是基于传统的Fill- Draw系统改进并发展起来的一种间歇式活性污泥工艺，它把污水处理构筑物从空间系列转化为时间系列，在同一构筑物内进行进水、反应、沉淀、排水、闲置等周期循环。SBR与水解方式结合处理畜禽废水时，水解过程对COD_{Cr}有较高的去除率，SBR对总磷去除率为74.1%，高浓度氨氮去除率达97%以上。此外，其他好氧处理技术也逐渐应用于畜禽废水处理中，如间歇式排水延时曝气（IDEA）、循环式活性污泥系统（CASS）、间歇式循环延时曝气活性污泥法（ICEAS）。

四、酸化处理技术

粪污酸化处理技术是通过向粪污中添加酸化剂结合粪污中的氨水生成稳定的铵盐，使粪污中的氮素能够持久地以铵盐的形式贮存于粪污中，降低粪污中氨水向NH_3的转化，不仅减少了因NH_3挥发造成的氮素损失，同时提高了贮存后粪水的养分含量。目前国际流行的粪污酸化剂以硫酸为主，此外硫酸铝钾、硫酸铝也有不错的酸化效果。

液体粪污在还田之前一般需在贮存池放置一段时间，粪水储存的时间越长，无害化的效果就越明显，酸化过程可以进一步降低粪水中病原菌等有害物质。有研究表明施入酸化处理的粪污可以使氮素以NH_4^+的形式停留在土壤中，降低因NH_3挥发造成的氮损失，提高肥效，增加产量。液体粪污贮存前期也可对其贮存技术进行优化，其中包括固定式覆盖贮存和漂浮式覆盖贮存。固定式覆盖指在液体粪污贮存设施上加盖或覆膜，应配备气体通风口或气体回收处理装置，以防止易燃气体的积聚。漂浮式覆盖指采用几何形状的塑料覆盖片、蛭石等可漂浮物，宜用于降水较少区域表面积较大的液体粪污贮存设施。

液体粪污酸化贮存技术是通过添加酸化剂降低液体粪污pH值，将氮素以较稳定的铵盐形态保留在粪污中。常用的酸化剂有硫酸、过磷酸钙等，调节 pH 值为 5.5～6.5，酸化后的液体粪污需继续贮存发酵。

畜禽粪污酸化处理起初主要是用来减少 NH_3 排放，降低粪污存储过程的氮损失，保持有机肥中氮含量，随后研究发现，酸化处理粪污不仅能够使 NH_3 排放量降低，同时可有效降低甲烷排放。有国外相关研究报道酸化牛场粪污将其 pH 值调节为 5.5 时，可使 CH_4 排放量降低 67%～87%，同时可降低 95% 的 NH3 排放；使用浓硫酸酸化猪场粪污使 CH_4 排放量降低 50%，同时可有效降低 NH_3 排放量；使用乳酸酸化粪污后，除了有效降低 CH_4 排放外，也可有效降低 N_2O 等气体排放。这表明畜禽粪污管理过程中具有很大的减排潜力。

加入酸化处理后的粪污其理化特性已被改变，浓硫酸酸化后较低的 pH 能够改变粪污中的颗粒物大小、胶体粒子、无机成分和溶解性物质的数量，酸化污液使得难溶性有机物溶解，可溶性 COD 容易被微生物利用，有机物更容易降解，但同时粪污酸化贮存后，有利于土壤总氮和总磷养分的固定，对土壤总养分含量具有促进作用，有利于磷元素的累积，对作物有增产的效果。

五、混合处理法

自然处理法、厌氧法、好氧法用于处理畜禽养殖废水各有优缺点和适用范围，为了取长补短，获得良好稳定的出水水质，实际应用中加入其他处理单元。混合处理就是根据畜禽废水的多少和具体情况，设计出由以上 3 种或以它们为主体并结合其他处理方法进行优化的组合共同处理畜禽废水。这种方式能以较低的处理成本，取得较好的效果。

杭州西子养殖场采用了厌氧好氧结合的处理工艺，经处理后，水中 COD_{Cr} 约为 400mg/L，BOD_5 为 140mg/L，基本达到废水排放标准。韩力平等采用直接投加优势菌的方法，大大改善原自然处理系统的能力，提高对水体或土壤中难降解有机物的降解能力。李金秀等采用 ASBR-SBR 组合反应器系统，ASBR 作为预处理器（厌氧），主要用于去除有机物，SBR（好氧）用于生物脱氮处理。

畜禽养殖污水排量大、固液混杂，有机物含量较高，固形物体积较小，很难进行分离。单纯采用物理、化学或者生物处理方法都很难达到排放要求。因此一般养殖场的污水处理都需要使用多种处理方法相结合的工艺。根据畜禽废水的特点和利用途径，可采用以上不同的处理技术。

第五节 圈舍空气净化技术

畜禽圈舍内空气污染的主要来源是畜禽自身不断向其生活环境中排出大量有害物质，主要包括氨气（NH_3）、硫化氢（H_2S）和粉尘等。这些有害气体在浓度较低时，不会引起畜禽明显的外观不良症状。但畜禽长期处于含有低浓度有害气体的环境中，会引发一系列的问题。例如畜禽体质变差、采食量减少、饲料利用率降低、呼吸系统疾病和消化系统疾病，严重时直接导致死亡等。我国由空气质量引起的畜禽疫病损失十分巨大，对畜禽养殖业产生直接经济影响。圈舍空气净化的方法主要有以下 3 种。

一、物理法

物理法是指通过应用滤网过滤、通风等纯物理方法达到净化圈舍空气的方法。在通常情况下，空气净化器过滤空气中的细微颗粒物以及微生物，根据滤网纤维孔隙大小，对不同颗粒的过滤能力也不同。空气中的颗粒物以及微生物病毒在运动中接触到滤网表面，借助重力、静电等过滤机理的作用，颗粒物和微生物病毒被滤网吸附，实现空气高效净化的目的。物理净化技术一般具有过滤效率高、使用便捷等特点，空气滤网净化体积小、原理简单，但需要定期更换或清洗堵塞的过滤网，增加使用成本。

二、化学法

化学法是指通过紫外线、臭氧、光催化消毒等消除空气异味的方法。紫外线辐射消毒技术，即利用适当波长的紫外线破坏微生物机体细胞中的 DNA 或 RNA 分子结构，造成微生物细胞死亡，并干扰空气中微生物病毒的生存繁殖，从而达到杀菌消毒的效果。一般在进风口安装紫外线灯管，进入圈舍的空气经由一个密闭的管道被紫外灯照射后完成消毒。紫外线对大多数的细菌和病毒都能快速灭活，具有运行维护简单、运行成本低等优点。但紫外线消毒受到其他因素影响，如受到空气中颗粒物遮挡时，会存在消毒不彻底的问题，以及受到空气湿度、温度、流速等因素的干扰，导致消毒效果不理想。

臭氧对空气中的细菌、病毒有良好的消毒作用。一般采用臭氧净化器，通过高频放电产生大量的等离子体，与空气发生物化反应，将空气中的氧气转化成臭氧。臭氧的强氧化性可以快速破坏分解细菌及微生物，具有瞬间杀菌作用。臭氧作为一种高效的消毒剂，其特点是制备及时、使用成本低且不易产生二次污染，但由于其具有强氧化性，易对人体及畜禽产生强刺激作用，引发呼吸类疾病，因此臭氧消毒后至少要保证半个小时以上才能进入圈舍。

另外，圈舍内还可以使用光触媒技术，触媒材料在光照下发生强氧化还原反应，可以有效净化、灭菌、降解圈舍内挥发性有机物质，触媒材料包括二氧化钛、三氧化钨等化合物。在外界光照作用下，触媒材料表面会产生强氧化性及强还原性的电子，与空气中的水分子及氧气分别发生化学反应，生成具有强氧化性的基团，这些基团可以与氨气、硫化氢等有害物质发生化学作用，进而达到圈舍空气净化的目的。化学法净化技术能明显改善圈舍空气质量，但一般使用成本较高，具有对圈舍场地光照要求较高等特点。

三、组合法

组合法是指物理和化学方法结合的净化方法，在圈舍内采用加强物理通风，配合化学试剂定期消毒的方式，可起到消毒、降尘和净化空气的效果。大多数畜禽圈舍内的环境复杂，在大多数情况下，采用单一的净化技术很难取得理想的净化效果，使得空气净化逐渐由单一净化技术向多种净化技术组合的方向发展。组合净化工艺既发挥了单一净化空气的技术优势，又弥补了单一净化技术存在的不足，提高了圈舍净化效率。但在实际应用中具有使用不便、成本高、耗能大等问题。

圈舍排出空气净化技术是在机械通风的密闭式畜舍安装喷淋装置、湿帘等湿式净化设施，通过喷洒弱酸性或含有次氯酸钠等氧化剂的液体进行过滤，其中酸性洗涤液 pH 值控制在 6 以下；或将畜舍排出空气通过生物质填料进行过滤，生物质填料主要由木屑、秸秆等制成。

第六节　低蛋白日粮配方技术

一、低蛋白日粮配方技术推广的意义和重要性

我国是动物产品生产和消费大国，近年来饲料原料进口依赖度不断升高，

其中饲用豆粕生产几乎全部依靠进口大豆，豆粕价格与国际大豆价格高度关联。近年来，我国大力推广低蛋白日粮技术，通过在饲料中添加使用工业合成氨基酸，补足原料中的短板营养元素，有效降低了饲料中蛋白用量和高蛋白日粮下氮的浪费。

低蛋白日粮配方技术的推广应用既是应对外部供应不确定性的被动选择，更是推动农业高质量发展的主动作为，对于养殖者和饲料生产者节本、国家粮食安全、全行业增效和减少环境污染具有重要意义。

二、低蛋白日粮配方技术原理

低蛋白日粮技术是指我们对于动物机体对氨基酸的需求及饲料原料氨基酸供给有清晰且科学的认知，以此为基础减少日粮蛋白，转而添加晶体氨基酸，从而达到能够精准满足动物氨基酸需求的目标。目前低蛋白日粮技术在猪禽养殖中的应用比较广泛。

低蛋白日粮配方技术旨在将日粮中的粗蛋白水平降低，同时通过添加适宜种类和数量的合成氨基酸来满足动物对氨基酸的需求，从而达到不影响动物的生长性能和产品品质的目的。其技术体系主要包括：提高蛋白沉积率技术、糖代谢调节技术、抗脂肪肝技术、抗应激技术。

低蛋白日粮配方技术可剔除多余的氨基酸，保证了最合理、最大化地利用原料，减少氮的排放，饲料成本降低。低蛋白日粮配制技术是按照"理想蛋白"和可消化氨基酸配合日粮技术发展而来。通过添加"赖氨酸、苏氨酸、蛋氨酸、色氨酸"来平衡必需氨基酸水平，达到提高蛋白质的利用效率的目的，利用蛋白质节约效应配方可以降低2%～4%的蛋白质。研究结果显示，日粮粗蛋白质每降低1个百分点，可减少蛋白质原料用量3个百分点，降低饲料成本1.5%，降低氮的排放8%～10%。

三、低蛋白日粮配方技术优点

（一）提高饲料利用率，增加日粮氮的沉积

研究表明，添加和平衡了氨基酸的低蛋白质日粮可以增加氮的沉积，利用率明显提高，氮的沉积增加5%，尿氮每天减少2.3g，生物学价值提高17%。

（二）节约蛋白原料，降低饲料成本

中国的蛋白质饲料资源极度匮乏，几种主要饲料蛋白原料鱼粉、豆粕等长期依赖进口，这已经成为影响我国养殖业和饲料工业成本、农民增收的决定性因素。传统的畜禽日粮往往浪费蛋白原料，增加生产成本。低蛋白日粮每降低 1% 的粗蛋白质，可以减少 2.3% 的豆粕用量，通过添加适量合成氨基酸和价格低廉的能量饲料，为优化饲料配方、降低饲料成本提供了有效途径。

（三）降低环境污染，减少疾病发生

研究表明，猪能利用日粮中 30% ~ 55% 的氮，而 45% ~ 70% 的氮随粪污排出；磷的吸收利用率也只有 30% 左右，约 70% 随粪污排出体外。我国仅猪禽两项养殖，一年的产氮量就高达 5 亿~ 8 亿 t、粪水 60 亿 t，处理不当很容易污染土壤、河流和空气等环境。另外，蛋白质是所有有机营养物质中最难消化的一种，过高的蛋白质水平会加重畜禽肝脏和肾脏的负担，大量未消化的营养物质进入大肠段，给病原菌生长和繁殖提供了条件，造成畜禽腹泻、下痢甚至死亡。低蛋白日粮可以保持胃肠道较高的酸性，抑制有害菌生长，有效避免和减少疾病发生。此外，可以将微生物发酵与低蛋白日粮相结合发展生物饲料，既降低了抗营养因子水平，同时又为机体提供大量的益生菌、有机酸、消化酶和小肽等，改善肠道健康，提高畜禽生产性能。

当前，我国正在生猪、肉鸡和蛋鸡养殖中全面推广应用低蛋白日粮饲料技术，有效减少豆粕用量，而不影响生产性能和肉类品质，在减少饲用大豆需求的同时，肉类供应总量和品质都有保障。

第六章　畜禽粪污资源化利用技术模式

抓好畜禽粪污资源化利用，关系畜产品有效供给，关系农村居民生产和生活环境改善，关系全面建成小康社会，是促进畜牧业绿色可持续发展的重要举措。要根据畜禽养殖现状和资源环境特点，因地制宜确定主推技术模式。以源头减量、过程控制、末端利用为核心，重点推广经济适用的通用技术模式。

一是源头减量。推广使用微生物制剂、酶制剂等饲料添加剂和低氮低磷低矿物质饲料配方，提高饲料转化效率，促进兽药和铜、锌饲料添加剂减量使用，降低养殖业排放。引导生猪、奶牛规模养殖场改水冲粪为干清粪，采用节水型饮水器或饮水分流装置，实行雨污分离、回收污水循环清粪等有效措施，从源头上控制养殖污水产生量。粪污全量利用的生猪和奶牛规模养殖场，采用水泡粪工艺的，应最大限度降低用水量。

二是过程控制。规模养殖场根据土地承载能力确定适宜养殖规模，建设必要的粪污处理设施，使用堆肥发酵菌剂、粪水处理菌剂和臭气控制菌剂等，加速粪污无害化处理过程，减少氮磷和臭气排放。

三是末端利用。肉牛、羊和家禽等以固体粪污为主的规模化养殖场，鼓励进行固体粪污堆肥或建立集中处理中心生产商品有机肥；生猪和奶牛等规模化养殖场鼓励采用粪污全量收集还田利用和"固体粪污堆肥＋污水肥料化利用"等技术模式，推广快速低排放的固体粪污堆肥技术和水肥一体化施用技术，促进畜禽粪污就近就地还田利用。

第一节　源头减量模式

一、概述

源头减量是一种以清洁生产出发的废弃物源头减量化的生产模式，以预防污染为主的环保策略。通过严格控制养殖生产各环节，从而减少生产过程中污染物的产生和排放，从源头上削减污染，因此，畜禽养殖废弃物的源头减量不同于传统的末端处理模式。在畜禽生产、粪污储存和处理过程中圈栏设计、饮水系统、清粪工艺和粪污储存设施建设以及养殖管理水平影响废弃物的源头减量，通过控制投入品使用、改进饲料配方、改善养殖工艺和生产过程、优化粪污处理设施设备等途径，减少养殖污染物的总量，实现粪污总量减量化。

二、主要技术

（一）饲料减量技术

养殖投入品主要有饲料、添加剂、兽药、抗生素等。其中重金属和抗生素等大部分都经肠道随粪污排出，饲料中未被动物消化吸收的氮、磷经肠道随粪污排出，畜禽机体新陈代谢产生氮磷随尿液排出。因此，通过降低单位动物饲料消耗量、精准配料可从源头上减少氮、磷和重金属的排泄量。

1. 氮减量技术

畜禽对饲料蛋白质需要的实质是对氨基酸的需要，构成蛋白质的氨基酸是畜禽生长发育和生产时所必需的。根据氨基酸能否在畜禽体内合成，氨基酸被分为必需氨基酸和非必需氨基酸，畜禽所需的氨基酸主要由植物性蛋白饲料提供，由于植物性蛋白饲料氨基酸构成与畜禽对必需氨基酸的需要有一定的差异，完全满足畜禽氨基酸需要通常要用较高的日粮粗蛋白质水平。采用工业氨基酸和氨基酸平衡技术，即适当降低日粮粗蛋白质水平并补充畜禽生长或生产所需的必需氨基酸，在不影响畜禽生产性能的同时，降低饲料粗蛋白质水平，可减少粪污中氮的排泄。

（1）猪场氮减量。蛋白质及氨基酸平衡是影响猪氮减量和生长的重要因素。为减少氮的排放，最为直接有效的措施就是在可利用氨基酸平衡的前提下减少饲料蛋白质水平。研究表明，根据理想蛋白和可消化氨基酸模式，添加必需氨基酸，可将蛋白质水平下降 2 ~ 3 个百分点，而不影响猪的生长。饲料粗蛋白质水平平均每降低 1 个百分点可减少总氮排泄量 8% ~ 10%，最多可减少 35% ~ 40%。

对于仔猪，由于传统饲料偏好高蛋白，所以降低其饲料粗蛋白质水平的空间较大。若将仔猪饲料粗蛋白质从 24% 降至 18%，粪氮排泄可降低 28.3%。一般认为，饲料粗蛋白质水平每下降 1%，氮的排放就会降低 8% 以上，但过度降低蛋白水平会损害仔猪消化道，影响其生长发育。研究表明，将仔猪（9 ~ 20kg 体重阶段）饲料粗蛋白质从 20.36% 降低至 17.39% 的同时补充赖氨酸、蛋氨酸、苏氨酸和色氨酸，不影响其生长，但对氮的排放减少效果显著。

对于生长肥育猪（25～60kg 生长阶段），将饲料粗蛋白质水平从 16.14% 降至 14.58%，可减少粪氮排放 25% 而生长性能无不良影响，将玉米豆粕型育肥猪饲料粗蛋白质水平从 16% 降低至 13% 不影响育肥性能，但粪氮减少了 28%。补充氨基酸，满足可消化氨基酸的需要，降低饲料粗蛋白质水平，可以全部或部分消除杂粕的负面影响，降低粪氮排放。

在配制育肥猪（60～90kg）无豆粕饲料时，将蛋白质水平从 13% 降低至 11%～12%，并在可消化基础上平衡氨基酸，可取得更好的饲养效果，明显减少猪尿液总量和尿氨排出量，同时，也能够降低猪粪臭味物质含量。

（2）鸡场氮减量。在满足能量需要的前提下，以目前普遍采用的蛋鸡饲料粗蛋白质水平（16% CP）为基础，降低饲料粗蛋白质含量 2%～3%，同时补充晶体氨基酸，使其必需氨基酸含量保持在正常营养水平。与常规营养水平饲料相比，补充必需氨基酸和甘氨酸后，13% 的日粮粗蛋白质水平对蛋鸡产蛋后期生产性能没有显著影响，预期可降低蛋鸡氮排泄量 10% 以上。

通过提高饲料蛋白的消化率和可消化蛋白（可消化氨基酸）的沉积率，能减少肉鸡氮的排泄量。我国优质蛋白饲料匮乏，养殖成本高，在可消化氨基酸平衡的前提下，通过应用低蛋白饲料配制技术来降低肉鸡粪氮和尿氨的排放，是一种可行的技术措施。通过平衡必需氨基酸含量，可将肉鸡饲料蛋白水平降低 2～3 个百分点，在不影响肉鸡生长速度的前提下降低粪氮的排放。此外，多种饲用酶制剂都有提高肉鸡蛋白质消化率的作用。

（3）牛场氮减量。奶牛氮减排措施主要有 3 个方面，一是降低日粮中性洗涤纤维（NDF）水平，并适当增加淀粉比例，可以提高瘤胃微生物的氮利用效率，取得与低蛋白日粮相似的效果；二是降低瘤胃可降解蛋白质水平，并避免使用高蛋白日粮。当日粮提供的粗蛋白质超出奶牛的营养需要，多余的氮素需要消化代谢掉，粪氮和尿氨排泄量都会增加。通过降低日粮中粗蛋白质的含量，可以减少奶牛氮素排泄量。通过定期监测牛奶尿素氮，可以判断日粮蛋白质供应是否过量，牛奶尿素氮正常值为 14～16mg/100mL，如果牛奶尿素氮值过高，说明奶牛日粮蛋白质水平可能偏高；三是在日粮中使用保护性氨基酸，能够促进微生物蛋白的合成，使微生物所需的部分氮由氨基酸提供。利用瘤胃保护性蛋氨酸和赖氨酸平衡日粮氨基酸，可以降低日粮蛋白质水平，提高日粮蛋白质利用效率，减少奶牛粪尿中氮的排放量。例如，在低粗蛋白质 + 过瘤胃氨基酸日粮模式中，通过添加赖氨酸、蛋氨酸、苏氨酸、苯丙氨酸，使日粮粗蛋白质水平降低 1 个百分点（由 15% 降低至 14%），泌乳牛的日产奶量仍然可以保持在 30kg 的高水平。

2. 磷减量技术

（1）猪场磷减量。在猪饲料磷的减量方面，植酸酶的开发和应用已经收到良好的效果。在仔猪饲料中添加 1 000U/kg 植酸酶，同时降低有效磷 0.2个百分点，总磷表观消化率可提高 25%，相应磷减排可减少 49.4%。在育肥猪饲料中添加 50U/kg 植酸酶，同时降低总磷 0.1 个百分点，可减少磷排放 21% ～ 23%。一般而言，饲料中添加植酸可使猪粪污中磷的排泄量减少20% ～ 50%。

在实际生产中，一般仔猪阶段添加植酸酶 500U/kg，生长猪阶段添加植酸酶 300U/kg，育肥猪阶段添加植酸酶 250U/kg，可降低日粮中 0.1 个百分点的非植酸磷。添加植酸酶的情况下必须保证非植酸磷或有效磷的含量，以免影响猪的生长。其中仔猪（断奶至 20kg）为 0.20%，生长猪（20 ～ 80kg）为 0.15%，把育肥猪（80kg 至出栏）为 0.10%。

（2）鸡场磷减量。肉鸡饲料的绝大部分为植物性原料，而植物性饲料原料中总磷的利用率较低，有效磷仅为 1/3，大部分磷随粪排出体外。在实际生产中，在配制鸡饲料时，通常要添加 1% ～ 2% 的磷酸氢钙等无机磷源补充饲料中有效磷的不足，而无机磷源利用率也不是 100%，导致大量的磷排放到环境中。

植酸酶可将植酸的磷酸根释放出来，给鸡生长提供有效磷，向鸡饲料中添加植酸酶可有效提高饲料中磷的利用效率，减少无机磷的添加量。在产蛋鸡日粮中植酸酶的添加量一般 300 ～ 500U/kg。

（3）牛场磷减量。磷碱量的最有效措施在满足奶牛磷营养需要的前提下，降低日粮磷水平，确保日粮提供的磷与奶牛需要磷的量尽可能一致。高产奶牛日粮干物质中磷含量应不超过 0.36% ～ 0.38%。日粮中 0.35% 的磷水平即可满足日产奶 25 ～ 30kg 的泌乳牛的生产需要。植物性饲料中的植酸磷在奶牛瘤胃内被降解，降解率约在 70% 以上。因此，提高奶牛饲料磷利用效率能够促进奶牛瘤胃微生物发酵。在奶牛 TMR 日粮中添加外源植酸酶（2 000 ～ 6 000U/kg）可以提高磷的利用率，减少粪尿中磷的排放。

3. 重金属减量

（1）猪场重金属减量。一是按照生猪的生理特点和对铜、锌的需要量合理配制日粮。不同生长阶段生猪对铜、锌等微量元素的需求量不同，因此需要按照生猪在该阶段的生理特点和营养需求来确定饲料配方，以求最大限度减少饲料中铜、锌等微量元素的添加量，降低粪尿中的排泄量，减少环境污染风险。二是提高饲料中铜、锌的生物利用率。无机盐形式的铜、锌，是指以氧化物、硫酸盐和碳酸盐类等存在形式为主的无机物。这种形式的铜、锌会在生猪肠道中发生解离，并与其他物质结合，降低其生物利用率。有机盐形式的铜、锌，由于结构特殊、稳定性好，其生物利用率显著高于无机盐形式的铜、锌。因此，在猪饲料中推广和应用有机形式的铜、锌，可以在保证猪的生长性能不受影响的前提下，最大限度地降低饲料中的铜、锌的添加量，是实现养猪生产中铜、锌等减排的有效途径之一。三是在饲料中使用促生长用途的铜、锌添加剂替代物。可在生猪饲料中添加益生元、酶制剂、酸化剂和植物提取物等新型饲料添加剂，替代促生长用途的铜、锌添加剂，提高仔猪的免疫能力和肠道健康，减少仔猪腹泻等疾病的发生，保障生猪健康和提高生产性能。

（2）奶牛场重金属减量。对于不同品种和生产性能的奶牛，可依据其营养需要在日粮中添加铜、锌。这样就可以通过分阶段饲养实现饲料中微量元素的精确供应；还可利用吸收效率更高的有机形式铜、锌替代无机物，减少添加量；使用可以降低饲粮中抗营养因子并能提高动物生产性能和健康水平的功能性添加剂（如益生元、酶制剂、酸制剂和植物提取物等）替代重金属类饲料添加剂等，从多方面降低日粮中的铜、锌添加量，减少其排泄量。

（3）肉鸡场重金属减量。根据不同生长阶段肉鸡及黄羽肉鸡对铜和锌的需要量，合理确定铜、锌添加量，同时可以利用吸收效率高的有机形式微量元素替代无机物。对于不同阶段和性别的肉鸡，进行分阶段和分群饲养，多方面降低日粮中的铜、锌添加量，减少其排泄量，也可与其他降低日粮中抗营养因子、提高动物生产性能和健康水平的功能性饲料添加剂（如益生菌、益生元和酶制剂等）配合使用。

（4）蛋鸡场重金属减量。蛋鸡日粮中铜、锌的添加含量通常不高。降低粪污中铜锌含量的方法主要有以下 3 种。一是需要确定蛋鸡适宜需要量。铜、锌是蛋鸡必需的微量元素，确定适宜的需要量可以避免在日粮中添加过量。在一般情况下，蛋鸡日粮中锌的适宜含量为 60mg/kg，铜的适宜含量为 15mg/kg。二是使用生物利用率高的有机铜、有机锌。有机锌的生物学利用率约为无机锌的 150%，有机铜的生物学利用率约为硫酸铜的 110%。因此，利用有机铜、有机锌可以适当降低日粮中铜锌的添加量。三是在日粮中添加使用植酸酶，在低磷日粮中添加微生物植酸酶（600 FTU/kg），铜、锌相对沉积量分别提高 19.3% 和 62.3%，使用植酸酶可以显著减少日粮中锌的添加水平，每 100FTU 植酸酶可以替代 1mg 锌。例如，在锌添加含量为 60mg/kg 的日粮中，添加 500FTU 植酸酶可以降低 5mg 锌添加量，使粪污中锌的排放量降低 10%。

4. 抗生素减量

实现抗生素的减量，首要就是提高动物健康水平，只有健康的动物，才能在免疫后产生有效的免疫抵抗力，养殖场必须进行科学的饲养管理，搞好环境卫生和消毒工作，保证圈舍饲养密度及温度适宜，通风换气良好，光照充足和饲料营养均衡安全，让动物群健康，发病率低，为抗生素的减量化和全面禁抗打好基础。采用益生菌微生态制剂、微生物发酵饲料、抗菌肽、饲料酸化剂、寡聚糖、植物提取物和中草药等替代抗生素在不断开发中。

（二）节水减量技术

养殖场从生产工艺、管理用水、雨污分流 3 个方面节水减量。

1. 生产工艺

采用清洁生产工艺，实行干湿分离。引导生猪、奶牛规模养殖场改水冲粪为干清粪。经不同清粪工艺的猪场污水水质和水量比较，得出干清粪比传统水冲粪和水泡粪工艺可分别减少猪场的污水排放量 60%～70% 和 40%～50%，推荐使用机械干清粪及粪尿分离技术。漏缝地板下设粪沟，宽 120～140cm（比刮粪板宽 4～6cm），沟底横截面呈 V 形，粪沟最低处埋设与粪沟基本等长的排尿管道，管道上开设宽度为 10～15mm 的缝隙，管道末端与舍外污水管道相通。粪和尿在舍内自动分离，干粪由刮粪板收集，尿液由排尿管道进入污水收集系统。蛋鸡舍可改刮粪板式清粪为履带式清粪，降低粪的含水率。

（1）猪场。关于猪场减少水的使用，主要可从清粪方式和自动饮水器的选用两方面考虑。猪场清粪方式主要有人工干清粪、水冲清粪、水泡粪、机械干清粪和发酵床，现在规模化猪场多采用水泡粪和机械干清粪。鉴于节水和环保优先，建议因地制宜采取机械干清粪和发酵床。

（2）鸡场。从饮水的高度、角度以及控制水流速度等角度来减少养鸡污水产生。参考不同日龄鸡只的生长情况来调节饮水器的高度，安装角度 45° 为宜。单个饮水器乳头的标准水流速率计算公式为：水流速率 =7× 鸡只周龄＋35。此外，应选择质量合格、密封性好的乳头式饮水器，定期检修维护和更换；供水管道使用 PVC 管材或者不锈钢管材，不会锈蚀，以减少管道堵塞；供水系统的水压应符合鸡的饮水特点，切忌水压过高；保持适宜的鸡舍温度，防止舍温过高鸡只戏水导致水的浪费；饮水给药后，及时冲洗，防止管道内产生积垢堵塞。

（3）牛场。饮水器最好安装在牛舍外侧墙处，饮水槽的清洗用水单独收集处理，饮水槽内增加过滤网，以便清洗时清理饲料残渣，饮水器周围设置 100mm 的止水围挡，减少清洗水溢流面积。在寒冷地区，设计加热水箱、饮水杯、循环进出水管、温度控制器构成的恒温饮水系统。

2. 生产管理用水减量

规模养殖场的污水主要由畜禽的尿液、进入粪沟的雨水、洒漏的饮水和生产管理用水，以及随水进入的粪污组成。其中生产管理用水包括圈舍、饲槽、地面和设备清洁冲洗水等。

采用高压水枪冲洗或水汽混合冲洗方式既可以达到节约用水的目的，又可以节省冲洗时间，还可以从源头上减少水污染物产生量，在一定程度上降低了后续处理与利用的难度，有利于生猪养殖污染的控制。采用半漏缝地板地面工艺不但能减少冲洗水用量，还容易实现粪尿分离的干清粪技术，降低粪污处理难度，同时相比于全漏缝地板降低了舍内氨气浓度，减少了猪肢蹄病的发生。

清洗水线内部污垢应选择具有杀毒、清洁双重功效的清洗剂，另外，建议在饮水系统中增加微酸性电解水相关制水设备，微酸性电解水具有高效、广谱的杀菌作用，其 pH 值近中性，对养殖设备和车辆的腐蚀性小，同时，物理化学特性稳定。微酸性电解水制备简单、成本低、使用后无残留，且未发现抗药性，是目前蛋鸡场无害化消毒净化的良好替代消毒剂。按每升水添加 0.3mL 的 pH 值为 5.0～6.5 的电解水，可有效控制水中的细菌总数，清除饮水系统内壁菌膜，抑制菌膜的再次形成，长期饮用还可改善肠道内环境。应用微酸性电解水后，可省去饮水系统的反冲洗，减少污水的产生。

挤奶厅管道清洗也需要消耗大量的水，如能从挤奶厅源头来控制污水量，废水处理和储存造价都将减少。挤奶厅节水可以通过改造挤奶厅管道，收集用于冲洗挤奶机和牛奶消毒机等设备产生的废水，并将废水循环利用于每班次挤奶完毕后冲洗地面或墙壁，可以节约用水并减少总污水量。

3. 雨污分流

雨污分流是养殖场粪污利用的第一步，是通过建设雨水收集管道（沟）和污水收集管道（沟），以及在运动场搭建遮雨棚，将雨水和污水分开收集。收集的雨水直接排到河塘或农田，收集的污水集中处理，这样在雨季时可以大大减少污水的处理量，减轻粪污处理压力。通过雨污分流可以减少养殖场污水 10%～15%。

（三）其他减量措施

1. 饲养优良品种

畜禽优良品种生长速度快，饲料转化率高。生产实践表明，在一定阶段内，生产相同重量的畜禽产品，优良品种的畜禽粪尿排放量明显小于一般品种畜禽。

2. 实行分段饲养

依据不同品种畜禽的生长速度、生产水平、生理特点和营养需要等科学划分饲养阶段，实现分阶段、分性别、分群分栏饲养，及时调整饲料配方，实现营养供给的动态化调整。

3. 加强精细管理

通过科学的饲喂管理，可以有效减少饲料浪费；合理加工日粮，提高饲料转化率；改干式饲喂为干湿饲喂，猪在同一饲槽中采食饲料和饮水，能够大幅度减少污水的产生量。据试验，所有的干/湿喂饲槽都可减少水的洒泼，使污水产生量减少 20% ～ 30%。

4. 污水循环利用

养殖场污水、沼液通过进一步处理净化后，进行循环再利用，用于冲洗圈舍、粪沟等，减少养殖场用水量，从而减少养殖污水产生量。

第二节　种养结合模式

一、概述

种养结合是一种结合种植业和养殖业的生态农业模式，该模式是将畜禽养殖产生的粪污作为有机肥的原料，为种植业提供有机肥，同时种植业生产的作物又能给畜禽养殖提供食源。种养结合将传统农业产业中相对独立的种植业、养殖业作为一个整体与加工业高效对接。种养结合是我国近些年推广的生态农业发展模式。2020 年农业农村部提出大力发展种养结合、生态循环农业，鼓励先行先试，因地制宜开展多种形式生态高效的种养结合模式。

二、工艺流程

（一）规划布局

建场时应充分考虑当地土地利用规划，合理布局，避免因布局不合理而造成对环境的污染。要考虑养殖规模和场区周边有无与养殖规模相适应的土地消纳畜禽粪污，要与种植业布局相衔接，考虑周边有无与养殖规模相适应的农作物或果树等种植地。在发展方式及粪污综合利用方面把发展种养结合生态循环模式作为行为准则，使上一环节的废弃物作为下一环节的资源，实现种养优势互补和良性生态循环，促进养殖业发展和环境保护和谐。

（二）粪污收集

养殖场粪污的产量与品种、饲料、管理水平和气候等因素有关，根据养殖场实际情况选择合适的清粪工艺，收集畜禽粪污至对应处理设施。

（三）处理和利用

养殖场将收集的粪污进行干湿分离，固体粪污在堆粪场或粪污处理设施进行发酵腐熟，腐熟的肥料可用车辆运输到农田或林地施作底肥，也可人工或机械抛撒施作追肥。液体粪污在污水池、沉淀池、沼气池或氧化塘等设施进行处理，再通过管网或吸污车运输至农田进行还田处理。

三、具体模式

（一）"干清粪 + 堆肥发酵 + 农田利用"模式

采用干清粪，粪污通过收集、清扫，运至堆粪场堆肥发酵，尿液或冲洗污水收集后在污水池暂存，粪污和尿液直接农田利用，具体工艺流程详见图6-1。这种方式能及时清除舍内粪污、尿液，保持舍内环境卫生，减少粪污处理用水、用电，保持固体粪污营养，不用建设复杂的粪污处理设施，资金投入少，工艺简单，便于操作，运行成本低。

1. 技术要点

（1）干清粪。要求粪污日产日清。可采用人工清粪或机械清粪。清出的粪污及时运至堆粪场。场区做到雨污分流，净污道分开，防止粪污运输过程中污染场区环境。

（2）尿液或污水收集。每栋畜舍设1个尿液或污水收集池，上部密封，容积1～2m³。畜舍内的尿液或污水先流入收集池，再汇集至储存池。粪尿沟应设在舍内，舍外部分要加盖盖板，防止雨水流入。

（3）粪污处理。粪污在堆粪场内堆肥发酵5～6个月。粪污过稀不便于堆肥时，可以与秸秆混合堆肥，秸秆的添加比例一般为10%～20%。堆粪场通风良好，防雨、防渗、防溢出。堆粪场所需容积：每10头

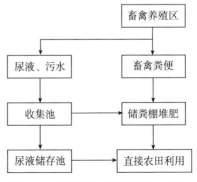

图6-1 "干清粪 + 堆肥发酵 + 农田利用"模式工艺流程

猪（出栏）1m³；每1头肉牛（出栏）或每2头奶牛（存栏）1m³；每2 000只肉鸡（出栏）或每500只蛋鸡（存栏）1m³。

（4）尿液或污水储存。储存池要防雨、防渗，周围高于地面，防止雨水倒流。尿液在储存池存放5～6个月后才能使用。储存池所需容积：猪（出栏）不少于0.1m³/头，按1头肉牛或2头奶牛相当于10头猪换算。

（5）农业利用。粪污和尿液直接农田利用。每亩土地年消纳尿液量不能超过5头猪（出栏）、0.2头肉牛（出栏）、0.4头奶牛（存栏）的产生量。每亩土地年消纳粪污量不超过5头猪（出栏）、200只肉鸡（出栏）、50只蛋鸡（存栏）、0.2头肉牛（出栏）、0.4头奶牛（存栏）的产生量。

2. 适用范围

该模式比较适合年出栏生猪10 000头以下，肉牛存栏500头以下，奶牛存栏300头以下，肉鸡年出栏10万只以下或蛋鸡存栏50 000只以下，且周边有足量土地消纳粪污的养殖场。

（二）"干清粪＋堆肥发酵＋沼气处理＋农田利用"模式

该模式是将粪污与污水分开处理，实现资源化利用的方法。粪污作干清粪及时清理，采用自然干化、堆肥发酵等工艺，利用生物学特性结合机械化技术，通过自然微生物或接种微生物将粪完全腐熟，生产有机肥，实现粪污的无害化和资源化。污水经厌氧发酵产生沼气用于发电，沼液经暂存净化后用于农田。此处理方法具有运行费用低、处理量大、无二次污染等优点，目前被广泛使用。工艺流程详见图6-2。

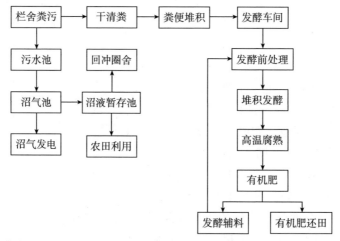

图6-2 "干清粪＋堆肥发酵＋沼气处理＋农田利用"模式工艺流程

1. 技术要点

（1）粪污收集。利用工人或机械将干清粪直接从栏舍铲除。将粪污集中运输到堆粪场堆积储存，经 1 ～ 3d 的自然发酵干化备用。堆粪场大小一般按 10 头猪 1m² 或 1 头牛 1m² 建设，地面要做硬化处理，以防渗漏，加盖顶棚防雨水，四周设 1 ～ 1.5m 高围墙，留出口。

堆肥发酵。将粪污集中运输到发酵车间，将粪污、辅料（回头料、木屑、谷壳等）和发酵菌种按比例混合均匀，一般粪污占 85% ～ 90%、辅料 10% ～ 15%、菌种 0.01% 比例。控制物料水分在 60% 左右。输送到发酵槽进行堆积发酵，厚度不低于 1m。

3 ～ 4d 后物料温度可达 50 ～ 65℃，高温发酵阶段物料中心温度可达 80 ～ 85℃。用翻抛机每天翻抛 1 ～ 2 次（夏季 1d 1 次、冬春季 2d 1 次），起到疏松通气、散发水汽、粉碎、搅拌等作用，促进物料发酵腐熟、干燥。高温发酵时可通过设置在槽边的鼓风系统进行曝气，以控温增氧，使温度控制在 55 ～ 65℃。此阶段可将畜禽粪污中的寄生虫和病原菌被杀死，腐殖质开始形成，粪污初步达到腐熟。高温发酵后，再经中低温发酵、后熟，一般需要 20 ～ 30d，出料端物料呈干粉状，含水率 25% ～ 30%，成为有机肥。

腐熟后的粪肥部分可外卖有机肥厂，部分作为再发酵辅料使用，以减少锯末、谷壳的购买和微生物菌种的添加量，也可用于种植施肥。

（2）尿液或污水处理。栏舍污水由沟渠流经粗格栅、细格栅过滤后，进入集水池，其有效容积可按 1 头猪 0.1m³、1 头牛 1m³ 建设。可采用目前较环保、实用的 PE 膜替代厌氧发生器，下层为发酵主体，上层用 PE 膜覆盖，用于收集沼气。

厌氧发酵的污水通过自然氧化、微生物降解、植物吸附等进行净化。暂存池有效容积可按 1 头猪 1m³、1 头牛 10m³ 建设，深度一般 2m 以上。经净化后的沼液经稀释后可用于农田利用。

沼气收集后可用于发电和沼气锅炉使用。发电机发电不仅供本场生产使用，还可以并网发电。

2. 适用范围

该模式一般适应较大的规模养猪场或牛场。中型规模养猪场或牛场可根据实际情况，参照上述比例参数设计建设。

（三）"尿泡粪 + 干湿分离 + 沼气处理 + 农田利用"模式

采用尿泡粪，粪尿通过漏缝地板自动掉入粪沟，粪尿混合收集，再进行干湿分离，分离出的固体粪污堆肥处理，液体粪污生产沼气。这种工艺不用清粪，减少用工；改水泡粪为尿泡粪，从源头上降低了污水产生量；通过固、液分别处理，实现了粪污的减量化、无害化和资源化利用。工艺流程详见图6-3。

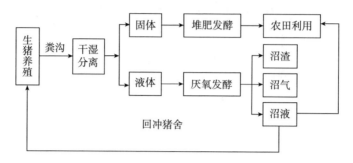

图6-3 "尿泡粪＋干湿分离＋沼气处理＋农田利用"模式工艺流程

1. 技术要点

（1）采用尿泡粪工艺。猪舍内地面除走道外全部铺设漏缝地板，每头育肥猪所占面积为 0.8～1.0m²，种猪 1.0～2.0m²。漏缝地板下面为粪沟，深 0.8～1.5m。底部留有出污口，每 15～30d 排放 1 次。舍内装有通风系统和感应装置，当有害气体超标，换气扇自动运转，通风换气。

（2）从粪沟排出的粪污进入调节池搅拌均匀，然后用管道输送到干湿分离机进行干湿分离。干湿分离出的固体含水量在 50% 以内。

（3）固体堆肥发酵。分离出的固体物质通过 5～6 月堆肥发酵后直接出售或生产有机肥。堆肥要有储存棚，要求防雨、防渗。每 10 头猪（出栏）不少于 1m³。

（4）液体沼气处理。分离出的液体进入沼气池进行厌氧发酵。沼气池采用 PE 膜或发酵罐。膜式发酵池每头猪（出栏）需 0.4m³；发酵罐每头猪（出栏）不少于 0.1m³。发酵过程一般 2～3 个月。

（5）沼液储存。沼液进入储存池暂存，一般存放 150d 后使用。可用部分沼液冲洗粪沟。储存池为露天水池，周围高出地面 50cm 以上，下面用 PE 膜铺底，防止渗漏。每头猪（出栏）需储存池 0.1m³。

（6）农业利用。有机肥作为农田积肥，根据肥力每亩 500～2 000kg。大田种植：每亩地能消纳 5 头猪产生沼液量；种植果树、蔬菜，每亩地可消纳 8～10 头猪的产生量。

2. 适用范围

该技术模式比较适合年出栏 10 000 头以上的规模猪场使用。注意加强猪舍环境控制，实时监测，避免有害气体污染舍内环境。

（四）"尿泡粪＋沼气处理＋农田利用"技术模式

采用尿泡粪工艺，粪尿混合收集后，全部进入沼气池进行处理，产生的沼液和沼渣农田利用。采用漏缝地板工艺，不需要清粪，可减少养殖场劳动用工，便于组织规模化生产。不进行干湿分离，粪尿全部沼气处理，产气量大。工艺流程详见图6-4。

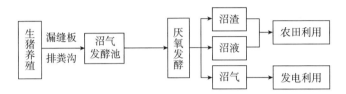

图6-4 "尿泡粪＋沼气处理＋农田利用"技术模式工艺流程图

1. 技术要点

（1）粪污收集。猪舍地面铺设漏缝地板，下面建排粪沟，粪沟深0.8～1.5m，安装有管道式或间隔式通风系统。首次在排粪沟中注入0.2～0.3m深的水（以后不需要），粪尿通过缝隙地板排放到粪沟中，储存15～30d，打开出口的闸门，将粪水排出。

（2）沼气处理。从粪沟排出的粪水流入主干沟，通过管道进入沼气发酵罐进行厌氧发酵，发酵时间不少于30d。发酵产生的沼液进入储存池暂存。产生沼气用于发电。发酵罐容积为每头猪（出栏）需0.2m³。

（3）沼液储存。产生的沼液在储存池暂存。储存池使用PE膜铺底，不漏水。沼液在储存池存放150d以上即可使用。每头猪（出栏）需建储存池0.1m³。

（4）农业利用。产生沼渣用作基肥，沼液浇灌农田。土地消纳按照大田种植：每亩土地可以消纳5头猪产生沼液量；种植果树、蔬菜，每亩可消纳10头猪的产生沼液量。

2. 适用范围

该技术模式比较适合年出栏10 000头以上的规模猪场使用。注意加强猪舍环境控制，避免粪污停留产生的有害气体污染舍内环境。

（五）"尿泡粪＋干湿分离＋农田利用"技术模式

采用漏缝地板收集粪尿，然后进行干湿分离，分离出的固体粪污堆肥处理；液体粪污进入储存池暂存。类似于"干清粪＋堆肥发酵＋农田利用"技术模式，区别在于，一个是干清粪，粪尿分开收集，分别处理；另一个是尿泡粪，粪尿混合收集，通过干湿分离后再分别处理。工艺流程详见图6-5。

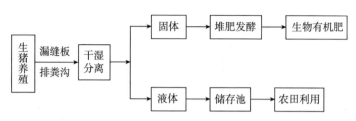

图 6-5 "尿泡粪 + 沼气处理 + 农田利用"技术模式工艺流程图

1. 技术要点

（1）粪污收集。采用尿泡粪工艺。猪舍地面铺设漏缝地板，下面建排粪沟，粪沟深 1.5m 以上，安装有管道式或间隔式通风系统。首次在排粪沟中注入 0.2 ~ 0.3m 深的水（以后不需要），粪尿通过缝隙地板排放到粪沟中，储存 90 ~ 150d，打开出口的闸门，将粪水排出。

（2）固液分离。从粪沟排出的粪污进入调节池搅拌均匀，然后用管道输送到干湿分离机进行固液分离。干湿分离出的固体含水量 50% 以内。

（3）固体堆肥发酵。分离出的固体物质通过 5 ~ 6 个月堆肥发酵后直接出售或生产有机肥。堆肥要有储存棚，要求防雨、防渗。储粪棚所需容积按每 10 头猪（出栏）不少于 $1m^3$。

（4）液体储存。分离出的液体直接进入储存池暂存，一般存放 150d 后使用。储存池为露天水池，周围高出地面 0.5m 以上，下面用 PE 膜铺底，防止渗漏。每头猪（出栏）需建 $0.1m^3$ 储存池。

（5）农业利用。生物质有机肥作为农田积肥，液体直接农田利用。每亩土地年消纳液体量不能超过 5 头猪（出栏）。

2. 适用范围

该技术模式适合年出栏 5 000 头以下的规模猪场使用。

第三节　清洁回用模式

一、概念

清洁回用模式是以综合利用和提高资源化利用率为出发点，通过在养殖场（小区）高度集成节水的粪污收集方式（采用机械干清粪、高压冲洗等严格控制生产用水，减少用水量）、遮雨防渗的粪污输送贮存方式（场内实行雨污分流、粪水密闭防渗输送）粪污固液分离、液态粪水深度处理后回用（用于场内粪沟或圈栏冲洗等）和固体干粪资源化利用（堆肥、发酵床垫料、栽培基质、蘑菇种植、蚯蚓等养殖、碳棒燃料等）的粪污利用模式。

二、处理方式

（一）干粪处理

养殖垫料

（1）发酵床原料。采用特定菌种，按一定配方将其与稻草、锯末等木质素纤维素含量较高的原料混合，形成有机垫料，铺在按一定要求设计的畜禽舍地面上，将畜禽放入舍内，畜禽生活在垫料上面，排泄物被有机垫料中的微生物迅速降解、消化，在整个饲养过程中不用清理粪污和频繁更换垫料，只要对垫料进行科学养护，保持发酵活性即可。

（2）奶牛卧床垫料。基于奶牛粪污纤维素含量高、质地松软的特点，将奶牛粪污固液分离后，固体粪污进行好氧发酵无害化处理后回用作为牛床垫料。牛粪替代沙子和土作为垫料，减少粪污后续处理难度。但作为垫料如无害化处理不彻底，可能存在一定的生物安全风险。

（3）栽培基质。畜禽粪污可以作为食用菌的基质，为其提供养分。畜禽干粪所含的有机氨比例高，占总氮量的 60% ～ 70%，是很好的氮源，但相对有限，而蘑菇要求培养料堆制前的 C/N（碳氮比）为 33∶1，故必须在畜禽干粪中加入碳素含量较高的材料，如稻草或玉米秆，并添加适当的无机肥料。所以，使用畜禽干粪栽培食用菌，首先须对其进行高温干燥等预处理，处理后的干粪物料与传统的食用菌培养基材料，如玉米芯、棉籽壳及作物秸秆等以适当比例相混合，便可以用来制作食用菌培养基。

（4）蚯蚓养殖。畜禽粪污通过蚯蚓的消化系统，在蚯蚓砂囊的机械碾磨作用和肠道内蛋白酶、脂肪酶、纤维酶、淀粉酶等生物化学作用下进行分解转化，将有机废弃物转化为自身或其他生物易于利用的营养物质，从而达到畜禽粪污无害化和资源化的目的。利用蚯蚓处理有机废弃物，既可以生产优良的动物蛋白，又可以生产肥沃的生物有机肥，该技术工艺简便，费用低廉，能获得优质有机肥和高蛋白饲料，且不与其他动物争饲料，不产生二次废物，不形成二次环境污染，蚯蚓的养殖周期短、繁殖率高、饲养简单、投资小、效益高。

（5）养殖蝇蛆。蝇蛆养殖可以将畜禽粪污中的有机物进行分解，产生的分解产物可作为土壤的有机肥直接施用于农业种植中，蝇蛆则可作为畜禽的优质蛋白饲料来饲喂雏鸡。选择家蝇来处理畜禽粪污的优点是家蝇的繁殖能力强、产卵量高、食性杂、适应能力强，且蛆体肥大、富含动物蛋白等。

（6）用作燃料。一是利用畜禽粪污发展沼气工程，将发酵产生的沼气用作清洁能源。二是将牛粪压块成碳棒或使用牛粪制作蜂窝煤等。

（二）粪水处理模式

1. 冲洗圈栏

采用"厌氧发酵+好氧处理"的粪水处理工艺。该工艺由粪污预处理系统、厌氧发酵系统和好氧发酵系统等组成。可实现粪水回用或达标排放的工艺流程。该工艺主要用于大型猪场。这类猪场猪舍一般采用漏缝地板，地板下为深粪坑，清粪方式有水冲清粪或水泡粪等方式。

2. 冲洗清粪通道和粪沟

一般用于牛舍粪沟、地面冲洗的回用水冲洗系统需要配套水塔、泵等设施设备。用于牛舍的水塔冲洗系统不需要配置大功率冲洗泵，运行、维修费用相对较低，比较适合场区面积较大的奶牛场。但如果要求多个水塔联动，一般很难实现冲洗的自动控制。尤其是北方冬季，水塔冲洗容易造成地面结冰而无法使用。对于挤奶厅，采用大功率的冲洗泵才能满足冲洗水量的要求，其运行成本较高，一般不适用于牛舍地面的冲洗。在水冲系统中，根据冲洗阀的形式，可分为简易放水阀冲洗方式和气动冲洗阀冲洗方式。

3. 氧化塘+人工湿地净化粪水回用

氧化塘+人工湿地处理模式在我国南方地区有一定的使用。湿地是经过人工精心设计和建造的，湿地上种有多种水生植物（如水葫芦、细绿萍等），水生植物、微生物和基质（土壤或沙砾）是其3个关键组成部分。水生植物根系发达，为微生物提供了良好的生存场所。微生物以有机物质为食物而生存，它们排泄的物质又成为水生植物的养料，收获的水生植物可再作为沼气原料、肥料或草鱼等的饵料，水生动物及菌藻，随水流入鱼塘作为鱼的饵料。通过微生物与水生植物的共生互利作用，使粪水得以净化。净化后的粪水可用于冲洗圈舍或粪沟。主要设施有稀释池、厌氧池、消毒净化池、氧化塘等。

第四节 达标排放模式

一、概念

养殖场产生的污水进行厌氧发酵＋好氧处理等组合工艺进行深度处理，污水达到《畜禽养殖业污染物排放标准》（GB 18596—2001）或地方标准后直接排放，固体粪污进行堆肥发酵就近肥料化利用或委托进行集中处理。模式优点是污水深度处理后，实现达标排放，不需要建设大型污水贮存池，可减少粪污贮存设施的用地。主要不足是污水处理成本高，大多数养殖场难以承受。适用于养殖场周围没有配套农田或配套农田不足的规模化猪场或奶牛场。

二、达标排放模式下粪水深度处理技术

现有的达标排放模式下粪水在进行深度处理时应用的技术主要分为：高级氧化技术、吸附和混凝沉淀、生态系统处理、膜过滤技术。粪水深度处理的主要目的是把达到农业灌溉水标准的水质进一步提升，使得处理后的废水排放到河流中不会引起富营养化现象。处理后的废水在排放到田间等地下水水位较浅的地区时，不会带来浅层地下水的污染问题。经过达标排放模式下粪水深度处理后，达到城市再生水杂用标准的废水可以在猪场中作为绿化用水使用，从而提高了处理后粪水的使用效率。

（一）高级氧化技术

高级氧化技术主要分为三种：臭氧氧化技术、光催化氧化技术、芬顿氧化技术。

1.臭氧氧化技术

臭氧氧化技术是利用臭氧分子在水体中产生的羟基自由基进行大分子胶体或大分子有机物的开环分解，最终把大分子有机物转化成小分子有机物的过程。在这一氧化过程中，粪水中的可生化性得到提高。COD会有小幅度的下降，同时粪水中产生着色的有机分子被氧化分解，使得出水中色度降低。臭氧氧化技术在应用过程中为了提高氧化的效果经常投加催化剂进行反应，臭氧氧化中常用的催化剂主要有二氧化锰（MnO_2）、碳基催化剂（BAC）。

2. 光催化氧化技术

光催化氧化技术主要是利用可见光和紫外光照射过程中产生的羟基自由基进行粪水中大分子有机物的氧化分解。根据不同的水质特性，粪水中不同的微生物紫外光投加量也不同。常用的紫外光氧化作用的催化剂主要为二氧化钛。

3. 芬顿氧化反应

芬顿氧化反应主要是利用双氧水在硫酸亚铁的催化作用下，产生的羟基自由基进行粪水中难降解有机物的分解。经过芬顿氧化的粪水其 COD 的去除效果较高，但芬顿氧化过程在实际运行中由于投加的化学药剂量较大，其运行成本较高。现在芬顿氧化工艺在发展中形成了电芬顿工艺，由于电芬顿工艺在电流场的作用下由正负极产生铁离子和羟基自由基，不需要再投加化学试剂，因而其运行药剂费成本下降，但产生电耗成本。

（二）膜过滤技术

膜过滤技术主要是通过物理过滤的作用去除粪水中的难降解有机物和大分子胶体。膜过滤技术根据滤膜的孔径不同由大到小依次分为微滤、超滤、纳滤、反渗透膜工艺。微滤膜的拦截粒径在 0.025 ~ 10μm。超滤膜的拦截粒径在 5 ~ 10nm。纳滤膜的拦截粒径在 0.1 ~ 1nm。反渗透膜的拦截粒径在 0.2 ~ 1nm。膜技术在过滤过程中为了提高整个系统的污染物或盐分的去除效果，经常采用超滤、纳滤、反渗透膜串联使用的情况。由膜系统产生的浓水可以在系统后端浓缩后采用蒸发结晶的方式从系统中去除。

（三）生态处理系统

生态系统深度处理主要包括人工湿地和稳定塘两种主要的工艺。人工湿地通过水生植物根系的微生物及根系微生物分解出来的酶进行降解污染物质作用，以及水生植物的生长过程中的吸收作用去除粪水中的氮磷等营养物质。人工湿地下部铺设有多孔质介质材料（陶粒、沸石、火山岩等），通过过滤作用去除污水中的大分子胶体和悬浮物等。稳定塘根据塘中溶解氧浓度不同，可以分为好氧塘、兼氧塘和厌氧塘。好氧塘、兼氧塘和厌氧塘中分别由好氧菌、兼氧菌及厌氧菌作为优势菌种去除水体中的污染物质，并与水体中水生植物共同形成一个生态群落。

第五节 集中处理模式

一、概念

集中处理模式是指在养殖密集区，依托粪污处理专业机构或规模养殖场粪污处理设施设备，对周边的畜禽粪污和污水进行收集和运输并集中处理利用的一种模式。

二、组织模式

指在畜禽粪污集中处理过程中，为解决畜禽养殖污染由政府、社会资本、养殖业、种植业四要素建立起的结构模式，大致有企业主导模式、政府引导模式、公私合作模式（PPP 模式）等。

（一）企业主导模式

1. 概念

企业主导模式，是以企业主导粪污处理中心投资建设，实行自主经营、自负盈亏，独立承担市场风险，养殖户、种植户成为体系中的利益关联方，政府辅以必要的协调和支持而形成的一种模式。该模式适合于一条龙大型养殖企业、养殖专业合作社以及"公司＋农户"模式的大型龙头养殖企业等。依托大型养殖企业或专业粪污处理中心的畜禽粪污处理设备设施，对其下属或体系内养殖场（户）的粪污和（或）粪水实行收集、运输，并进行集中处理和资源化利用。

2. 模式构成

（1）集中处理中心（企业）。畜禽粪污集中处理中心是该模式的主角，是投资建设和经营的主体。在投资建设和后续运营整个过程中，企业行为发挥主导作用。企业投资意愿及经营管理能力在很大程度上决定了该模式的成败及效果。

（2）政府。一是在规划、统筹方面发挥作用，形成有利于畜禽粪污集中处理的政策环境和社会环境；二是在集中处理中心建设中通过项目扶持给予必要的支持，或将集中处理中心建设视为公共基础设施建设而给予一定的财政补贴；三是在畜禽粪污收集、产品利用、利益联结等方面发挥组织协调优势，提供公共服务，有利于提高畜禽粪污集中处理的运营效率。

（3）养殖场。养殖场是该模式的利益攸关方和命运共同体，虽不直接参与畜禽粪污集中处理中心的投资和经营，但间接影响运行效率乃至运营效益，需要承担必要的配套建设、配合工作和减量化责任等。养殖场在模式中发挥的作用越大、与集中处理中心的利益联结越紧密，该模式运行成功的概率就越高。养殖场与集中处理中心的联结，既可以由政府出面协调，也可以由集中处理中心与养殖场直接以协议的方式确定。

（4）种植户（基地）。畜禽粪污集中处理终端产品的出路直接决定集中处理中心的生存。种植户（基地）是该模式终端产品的用户，拥有产品使用的决定权，在畜禽粪污资源化循环利用中起着关键作用，也是该模式的利益攸关方。种植户（基地）在使用终端产品的同时，也承担着向集中处理中心反馈产品质量和效果的义务。种植户（基地）与集中处理中心的联结，一般以产品销售合同形式确定。

（二）政府引导模式

1. 概念

政府引导模式，就是由政府引导建立畜禽粪污集中收集处理体系的组织模式。在体系中，政府发挥公共服务的职能作用，投资建设畜禽粪污集中处理中心，承担集中处理中心运行费用，补助养殖场（户）建设畜禽粪污贮存设施，协调畜禽粪污处理的终端产品（有机肥、沼液等）使用的耕地。同时，政府发挥组织协调作用，与企业、养殖场（户）和种植户之间建立起分工协作、优势互补的关系，形成政府主导、养殖场（户）和种植户共同参与的组织体系，实现种养循环发展与环境优化的双赢目标。

2. 模式构成

（1）政府。政府在整个体系中起着主要作用，一是出台操作性强的地方性法规或规章，针对不同养殖规模、养殖种类以及新建、改扩建养殖场（户）制订粪污防治实施细则，使环保执法有法可依。二是地方环保执法部门和行业管理部门加强对畜禽养殖场（户）的宣传指导，对造成环境污染拒不改正的养殖场（户）及时查处，提高养殖场（户）参与的积极性和紧迫性。三是组织实施畜禽养殖粪污集中收集处理体系基础建设任务，包括：建设畜禽粪污集中处理中心、扶持每个指定的养殖场（户）建设粪污存贮池和干粪堆积棚、建设种植基地粪污贮存利用设施等。四是政府可以委托第三方（企业）经营管理畜禽粪污集中处理中心，政府负责购买服务和监督考核。

（2）集中处理中心。政府投资建设的畜禽粪污集中处理中心采用市场化运营后，由具备相应资质的专业公司、农民合作社及行业协会等社会主体具体运营，成立收集服务队伍，完善服务体系。一是根据服务区内畜禽养殖污染的现状及地形、交通等条件，建立区域养殖户畜禽粪污产生源数据库和服务区域信息地图，划定片区，建立收集点、收集位置、收集频率和所需人工，分片区平衡设计收集路线，每个片区确定1名责任人，负责本片区的粪污收集，并制订收集计划表，将每天的清运计划安排到户（GPS跟踪），统一调配，及时管理，确保工作有序高效开展。二是基于养殖场（户）的养殖种类、粪污产生量、粪污收集方式、地理位置分布和运输成本，确定最优的畜禽养殖粪污无害化处理与资源化综合利用模式，并择优选用高附加值的处理技术。三是建立运行台账，包括与养殖户签订的粪污收集台账、处理中心运作资金明细台账、粪污资源化利用去向及经济效益台账。政府根据实际情况拨付运行费用及惩奖补助资金。

（3）养殖场（户）。养殖场（户）作为养殖污染的产生主体，也是粪污集中收集处理体系中的最大受益者，应承担一定的社会责任。第一，养殖场（户）根据畜禽粪污产生总量以及能够自行处理利用的量，确定需要收集处理体系收集处理的指标量，并根据指标量来缴纳服务费用。第二，养殖场（户）应配合建设粪水贮存池和干粪堆积棚，将日常产生的畜禽粪污收集到相应的设施内以备收集转运。第三，养殖场（户）要主动监督处理中心的收集服务情况，及时向政府反馈相关信息，形成对处理中心的多主体监督体系。

（4）种植户（基地）。种植户（基地）作为粪污集中收集处理体系的末端环节，承载着粪污的资源化循环利用，在畜禽养殖污染减排中起着关键作用。处理中心定期或分季节将沼渣、沼液运送至田间。与处理中心签订使用协议的种植户（基地）可优先优价购买处理中心生产的终端产品（沼渣、沼液）及其加工生产的有机肥，同时，监督处理中心的粪污处理效果。在政府引导模式中，"第三方治理"是一种比较典型的形式，其运作要点包括：一是政府对畜禽粪污集中处理进行立项，由有意愿的企业（第三方）承担畜禽粪污集中处理中心建设，建成后由政府回购，产权归政府，协议期内的经营权归企业（第三方）。二是企业与政府签订畜禽粪污处理有偿服务协议，负责建立畜禽粪污收集、处理体系，对与政府协议确定的固定区域内养殖场（户）产生的畜禽粪污进行处理，为政府提供有偿服务，独立经营，自负盈亏。政府按协议确定标准支付服务费用。三是养殖场（户）按畜禽饲养量或圈舍面积支付一定的畜禽粪污处理费用，支付标准和费用由政府确定并收取。

（三）公私合作模式（PPP 模式）

1. 概念

PPP（Public-Private-Partnership）模式是指在公共服务领域，政府采取竞争性方式选择具有投资、运营管理能力的社会主体，以授予特许经营权为基础，建立形成以"利益共享、风险共担、全程合作"为特征的伙伴式合作关系，以特许经营权方式将部分政府责任转移给社会主体提供公共产品或服务，政府依据公共服务绩效进行评价。

2. 模式构成

因政府与企业合作的方式不同，故可形成多种不同的具体模式。

（1）政府补贴，承包经营，有偿服务，自负盈亏。一是政府财政对于畜禽粪污集中处理中心的建设给予一定的资金补贴。二是建设完成的处理中心由企业或个人承包经营。三是养殖场（户）按照养殖量缴纳畜禽粪污处理费，用于支付从养殖场（户）畜禽贮粪池收集粪污运至畜禽粪污集中处理中心的交通与人工等费用。四是畜禽粪污集中处理中心运营过程自负盈亏。

（2）企业建设，政府扶持，科技支撑，资金补助。一是政府对畜禽粪污集中处理进行立项，企业承担项目，建设畜禽粪污集中处理中心。二是政府部门协助建立"场户收贮、专业运输、统一处置"的畜禽粪污收集体系，配备粪污运输车辆，定期收集养殖场（户）畜禽粪污；政府财政对于畜禽粪污的收集运输给予一定的资金补助。三是企业基于养殖场（户）的养殖种类、粪污产生量、粪污收集方式、地理位置分布和运输成本，确定科学的畜禽养殖粪污无害化处理与资源化综合利用模式，并择优选用高附加值的处理处置技术。

（3）政府引导，社会参与，市场运作，行业监管。一是政府鼓励粪污消纳能力强的种植业企业（合作社、园区）与分散养殖场（户）对接。二是由种植业企业（合作社、园区）建设和购置标准化、规范化的粪污无害化处理和资源化利用设施、设备，解决畜禽养殖场粪污专业化收集、资源化利用等环节问题。三是畜禽养殖场（户）建设封闭排污沟、防雨防渗防漏畜禽粪污发酵池、污水沉淀厌氧池等粪污收纳贮存设施。

第七章 青海省畜禽粪污资源化利用典型案例

第一节 固体粪污集中处理利用

一、技术模式

以固体粪污为主，依托大型规模养殖场或第三方企业，将本场及周边养殖场产生的固体粪污集中收集，统一进行好氧堆肥无害化处理后，加工成有机肥就地还田利用或出售。有机肥加工厂主要采用池式好氧堆肥发酵工艺，使畜禽粪污快速灭菌、除臭、腐熟，达到无害化、资源化和减量化处理的目的。适用于农区、半农半牧区的大型规模养殖场或养殖场相对集中、周边有可消纳农田的地区。

二、典型案例（青海禾田宝生物科技有限公司）

1. 基本情况

公司位于青海省西宁市大通县长宁镇双庙村，占地面积 38 亩，现有原料池 940m²、发酵池 2 070m²、预混粉碎车间 3 290m²、造粒车间 2 500m²、成品库房 600m² 等，购置设备 73 台（套）。营业范围为生物有机肥研发、推广、加工、销售；农田基本建设项目；园林绿化工程等。年加工生产有机肥 6 万 t。旗下建有大通录明养殖专业合作社，建成标准化鸡舍 10 栋 10 000m²，2023 年蛋鸡存栏 10 万只。

2. 粪污来源

一是自产自用。公司自有养殖合作社，饲养蛋鸡 10 万只，年产鸡粪约

0.15万t，全部用于公司加工有机肥。二是周边收运。公司与大通县的19个规模场（其中牛场6个、羊场2个、猪场9个、鸡场2个）签订有粪污资源化利用协议，年处理畜禽粪污约5万t。三是牧区收购，年收购处理羊粪2万～3万t。

3. 生产工艺（图7-1至7-6）

图7-1　筛选　　　　　　　　　　　　图7-2　混合

图7-3　翻抛发酵　　　　　　　　　　图7-4　配料、混合

图7-5　烘干　　　　　　　　　　　　图7-6　制料、包装

（1）筛选。通过筛分机将收集的畜禽粪污中的石块、杂物等筛分去除，保证后续工艺顺利进行。

（2）混合。为保证有机肥质量，根据收购的畜禽粪污数量和营养需要对原料进行混合处理，一般按牛粪1份、羊粪2份、鸡粪少量混合，根据检测结果，添加麻渣等调节有机质成分、含量，机械翻抛混合，原料含水率要求达到50%～60%，pH值为6～8.5，碳氮比（25～30）:1。

（3）发酵。加入发酵菌剂，3d翻抛1次，持续25d左右，堆肥中心温度达到55～60℃，持续5d后出池。

（4）陈化。发酵后的物料转至陈化车间继续发酵14d左右，物料温度稳定后进入下一程序。

（5）成品。腐熟后的物料依次经筛分、配料、混合、检验、计量、包装等步骤后即为成品有机肥，检验合格可上市销售。

4.效益分析

主要体现为生态效益和社会效益。通过有机肥厂，周边畜禽规模养殖场粪污得到及时有效利用，变废为宝，极大地缓解了地方畜禽养殖造成的环保压力。通过协议收购增加了养殖收益，通过施用有机肥，在减少化肥使用量的同时，改良了土壤，增加了农作物产量，保证了食品安全。

第二节　污水深度处理利用

一、技术模式

污水全量收集、深度处理、灌溉利用，固体粪污进行堆肥发酵就近肥料化利用或委托第三方进行集中处理。

二、典型案例：青海泰和源农牧科技有限公司

1.公司基本情况

青海泰和源农牧科技有限公司是青海省海东市农业产业化市级龙头企业，农业农村部生猪标准化示范场。主要从事种猪培育、生猪规模化养殖。

2、固体粪污处理

固体粪污通过除臭、发酵、粉碎、包装等制作有机肥。制作工艺见图

7-7。污水处理工艺。污水前处理系统采用格栅＋固液分离机＋初沉池；黑膜厌氧发酵塘系统；好氧处理系统采用 A/O 工艺；深度处理系统采用催化氧化＋混凝沉淀＋臭氧脱色消毒工艺。该粪污处理工艺技术成熟，运行稳定，适用于周边配套一定面积农田的规模养殖猪场或奶牛场。处理技术参数要求：日处理粪污量 ≤ 500t，出水水质符合畜禽养殖业污染物排放标准（最高允许日均排放浓度标准值）。养殖场污水处理工艺流程图见图 7-8。

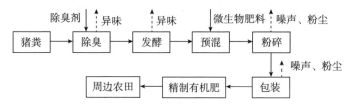

图 7-7　养殖场固体粪便处理

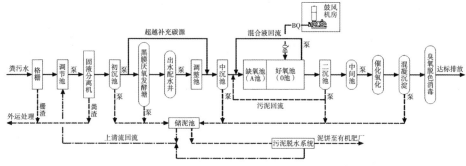

图 7-8　公司污水深度处理工艺

3. 污水利用

无害化处理的污水用于山体绿化。养殖场后山蓄水池离山底的垂直落差高度在 300m 左右，采用二级提水方案。在山底和离山底垂直高度 150m 左右的山腰各安装一组水泵，水源从山底经水泵加压后再经山腰水泵加压至山顶的蓄水池内，水泵的扬程参数选择在 180m 左右，流量参数选用 40m³/h，功率参数约为 37kW。

三、取得的成效

青海泰和源农牧科技有限公司采取"公司＋基地＋农户"运作机制，实行畜禽粪污集中处理模式，鼓励合作社牵头收集牛、羊、猪粪等粪肥资源，有机肥最大产能达到年产 15 万 t 规模。通过种养循环等模式推广，促进了有机肥施用量，种植业提质增效，既减轻了环境保护压力，又拓宽了农民增收渠道。同时有效减少了养殖粪污排放量、化肥、农药的施用量，有效控制农业面源污染，对促进农田生态环境改善、保护优质的水资源和良好的生态环境发挥了积极作用。

第三节　污水全量收集利用

一、技术模式

生猪养殖户统一在猪舍内建设液体粪污收集系统，通过管道将液体粪污收集到储液池进行生物发酵，发酵完成后用吸污车将液体粪污运送到田间地头与灌溉用水按照比例混合后灌溉还田。

二、典型案例（卓扎滩村生猪液体粪污肥料化利用模式）

1. 主体情况

2020年畜禽粪污资源化利用整县推进项目在互助县落地实施，互助县农业农村和科技局因地制宜，将威远镇卓扎滩生猪养殖基地作为项目建设重点，针对36户生猪散养户污水处理难的问题，有的放矢，着力打造规模以下养殖户粪污资源化利用典型模式。

卓扎滩村地处互助县威北旅游公路东边，距县城威远镇8km，地势开阔平坦，交通方便发达，全村有农户465户，人口1 761人，其中养殖户占50%，以生猪饲养为主，全村耕地3 650亩，人均耕地2.06亩，主要种植油菜等经济作物。传统生猪养殖是卓扎滩村村民重要的收入来源，近年来，由于养殖规模扩大，粪污处理难问题突显，主要是养殖生猪产生的尿液、污水经常溢出到村内硬化道路上，恶臭难闻，造成污染，影响村容村貌，影响邻里团结。

2. 技术要点

（1）建设要求。生猪养殖户液体粪污收集利用技术包括收集、发酵、利用三大环节。

收集槽设计：为更方便快捷地收集尿液，将收集槽设计为净宽度40cm、起始深度20cm、坡度3%、混凝土为C30、混凝土抗渗等级为S6、抗冻等级为F200的建设标准，并根据猪舍实际情况建设成集中于圈舍中央或一侧的形式，然后在集液槽的最低处安装排污管道，在管道口放置滤网过滤粪污；为保证生猪活动面积及过滤尿液，在尿液收集槽上方放置漏缝板。

储存发酵：购置体积为 10.5m³ 成品玻璃钢发酵池 1 个，在猪舍周围的合理位置埋置冻土层以下，净深 3.5m，为方便吸粪运输车抽取沼液，发酵罐与地面用吸污管道连接，吸污口采用井盖封口（图 7-9）。

图 7-9 养殖场污水处理工程效果

利用：村集体配备一辆 5t 吸粪运输车，待尿液发酵完成后，用吸粪运输车收集尿液灌溉农田。

猪舍内温度保持在 17 ~ 22℃，发酵灌温度保持在 30℃ 左右。

（2）注意事项。按期进行维护：猪舍内的尿液有极强的腐蚀性，所以对圈舍内的收集槽每 2 年进行 1 次维修，对发酵罐每 6 ~ 8 年进行更换，5t 粪污吸粪车按期进行年检；及时利用尿液：储存尿液的发酵罐储存满以后，及时用吸粪车抽取运送到所需蔬菜、瓜果、苗木及田间；发酵尿液水肥一体化施用：利用配置的 5t 吸粪车将无害化处理的尿液、污水与灌溉用水按照一定比例混合，进行水肥一体化施用。

3. 投资概算

威远镇卓扎滩村 36 户规模养殖户分配资金 61.6 9 万元。其中，378m³ 储液池（每户 10.5m³）22.68 万元，164.5m 管道（36 户）（含滤网）4.8 万元，577m 集液槽（36 户）19 万元，一辆 5t 吸粪运输车 15.21 5 万元。

4. 取得成效

该技术以规模以下养殖户为重点，着重解决了散养户粪污资源化利用难的问题，一方面，养殖户节约了粪污处理成本，另一方面，通过种养结合，粪污变粪肥，资源得到利用，种植效益得到提高，符合绿色发展要求。液体粪污经过发酵处理，杀灭了粪污中大量有毒害病菌，切断病疫传播途径。该项技术以猪只尿液收集利用为手段，按照"就地消纳、能量循环、综合利用"的原则，粪污综合利用率达到 95% 以上，同时解决了猪尿液带来的污染问题，改善了养殖户及整个村社的卫生环境条件。

第四节　鸡粪高温熟化利用

一、技术模式

鸡舍采用传输带机械干清粪工艺，鸡粪不落地由清粪车运送至粪污处理点，添加锯末、发酵菌剂，混合搅拌后输入高温发酵设备，经好氧发酵可出仓陈化处理。

二、典型案例（西宁宁连绿色养殖配送农民专业合作社鸡粪高温熟化技术）

1. 主体情况

西宁宁连绿色养殖配送农民专业合作社位于西宁市城中区总寨镇总南村，成立于 2012 年，现有鸡舍 2 栋，年饲养蛋鸡 3 万只。粪污处理核心设备为 HL-3-6 粪污处理一体机（生物有机肥生产线）一套，年生产有机肥约 800t。

2. 鸡粪处理加工工艺

主要包括混料搅拌、上料、好氧发酵、自动放料 4 个过程，工艺流程见图 7-10。

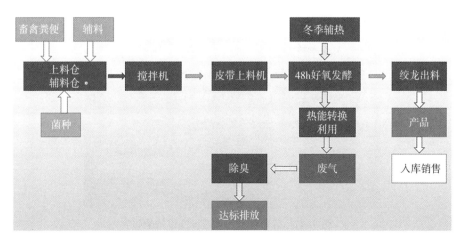

图 7-10　养殖场粪污处理工艺流程

（1）混料。将含水率 75% 左右的粪污或有机废弃物与生物质、发酵菌按照一定比例进行混合，调节含水率、C∶N 比、透气性等，达到发酵条件。如果原料含水率在 55% ～ 65% 可以直接入罐发酵。

（2）上料。辅料和畜禽粪污通过输送机完成上料过程。

（3）好氧发酵。物料进入发酵罐内，在好氧菌的作用下 2 ～ 3h 内快速除臭，机器带有自动加温装置，释放的热量使物料温度快速升高，温度一般为 50 ～ 65℃，最高可达到 70℃。通过送风曝气系统向发酵罐内均匀送氧，满足发酵过程氧气量需求，使物料充分发酵分解，高温阶段维持 4 ～ 5h。温度升高与通风充氧能够加快物料水分的蒸发，通过除臭系统将废气和水蒸气处理后排出，从而减少物料体积，达到物料的减量化、稳定化、无害化的处理目的。

（4）放料。鸡粪与辅料经过 7 ～ 8h 的发酵过程，发酵室内的物料在主轴翻拌以及重力作用下逐层下落发酵完毕后排出作为有机肥原料，含水率 ＜ 40%，实现有机废弃物的资源化利用。二次发酵时温度在 50℃以上维持 7d 以上，可以较好地杀灭虫卵、病原菌和杂草种子。符合国家《畜禽粪污无害化技术处理规范》（NY/T 1168—2006）处理要求，达到粪污无害化处理的目的。有机肥原料放出后在有机肥仓库存放 20 ～ 30d，温度降低更稳定，可以直接施肥田间。

3. 工艺特点

具有堆肥周期短，升温快、高温持久，肥效损失小，堆肥腐殖酸含量高，有效除臭，高效杀灭有机物料的病原菌、虫卵和杂草种子，无害化处理彻底的特点。粪污处理场地占地小，设施设备简单，成本较低，适合较小规模蛋鸡场粪污加工利用，见图 7-11。

图 7-11 养殖场粪污处理设施设备全景

第五节 水泡粪全量还田

一、技术模式

猪场粪污处理采用水泡粪工艺，粪污经固液分离，固体粪污经堆积发酵后还田利用，液体粪污经厌氧、好氧发酵后肥水利用。

二、典型案例（青海福源农牧科技有限责任公司）

1. 主体情况

公司位于青海省西宁市湟中区海子沟乡沟脑村，主要从事生猪养殖与销售。公司占地 45 亩，能繁母猪存栏 600 头，年出栏生猪 11 000 头左右。带动 7 家规模养殖户和 800 多户农户发展生猪养殖，形成了"公司＋合作社＋基地＋农户"的产供销为一体的发展模式，通过种养结合基本实现了粪污资源化利用。

2. 粪污处理技术工艺

水泡粪经固液分离，固体粪污在堆粪场堆积发酵后还田利用，堆积发酵时间 3 ～ 6 个月。液体粪污先在沼气池厌氧发酵 60d 后进入氧化塘，3 个月左右后肥水利用（图 7–12）。

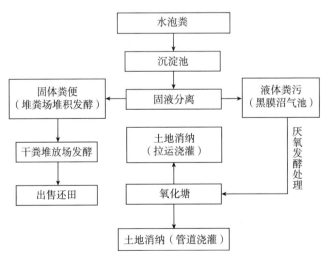

图 7–12 粪污处理技术工艺流程图

3. 主要设施设备

排污管道、排污检查井、沉淀池、搅拌泵、吸污泵、干湿分离机、堆粪场、黑膜沼气池、氧化塘、吸污车、运输车辆等。如图7-13、图7-14所示（宋生熹 供图）。

图7-13　固体粪便堆积场及黑膜沼气池　　　　图7-14　黑膜氧化塘

4. 经验成效

春季播种之前，将沼液、沼渣作为底肥施用于农田，在农作物生长期，进行追肥。秋季庄稼收割后，再将沼液灌溉施肥。实践表明，通过这种循环农业模式，降低了化肥使用量，改善了土壤结构，提高了农作物品质和产量，同时避免了养猪场对环境的污染（图7-15、图7-16）。

图7-15　浇灌施肥　　　　　　　　　　　图7-16　施肥后农作物的长势

第六节 牛羊粪污资源化利用

一、技术模式

通过有机肥生产线，以牛粪、羊粪为主要原料，实现养殖场及其周边养殖场户粪污资源化利用。

二、典型案例（青海省海东市平安区三合镇索尔干村丰源富硒现代牧场）

1.主体情况

青海省海东市平安区三合镇索尔干村丰源富硒现代牧场，建于 2015 年，建有羊舍 7 920m²，青贮窖 900m³，堆粪场 525m²，储草棚 500m²，饲料库 600m²，有放牧草场 1 600 亩，种植耕地 3 000 亩，其中饲草种植面积 1 800 亩。现存栏羊 800 只，其中能繁母羊 600 只，年出栏育肥羊 1 000 只，采用"放牧 + 舍饲"养殖方式。建设的粪污资源化循环利用处理站配有一条 3t 位的有机肥料自动生产线，日处理畜禽粪污 20t，秸秆 2 ～ 4t，日生产有机肥料约 16t。

2.粪污处理工艺流程（图 7-17）

（1）粉碎。将秸秆、残次蔬菜、牧草等农业废弃物采用专用的秸秆揉丝机分类粉碎成丝状纤维物。

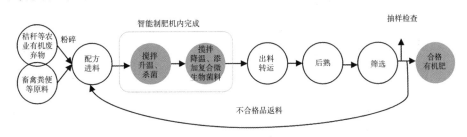

图 7-17　粪污处理工艺流程

（2）预混进料。将畜禽粪污＋秸秆等废弃物＋核心材料合理配比，进行预混进料。

（3）高温灭害。将上一工序的物料投入秸秆制肥机的发酵罐中，80℃以上高温杀菌 2～4h，杀灭病原微生物、虫卵和杂草种子。

（4）配比调湿。根据物料情况和配方要求再酌情加入一些辅料调节物料湿度、碳氮比，以利下一步的微生物快速增殖发酵。

（5）发酵降解制肥。降温至 65℃以下，加入发酵菌群，发酵 6～18h。

（6）土壤改良功能菌培养。降温至常温，加入功能型土壤有益菌培养 2h 左右，形成功能性有机肥，出料，完成全部过程。

（7）后熟阶段。堆放、陈化二次发酵，最快可 7d 完成。

（8）筛选和包装。对二次发酵完成后的有机肥进行抽样检测，合格有机肥进行包装处理，不合格有机肥返回进料系统，重新加工。

3. 特点成效

养殖场粪污资源化循环利用处理有机肥料生产线具有快速、无污染、能耗低且机动灵活的特点，快速完成畜禽粪污和秸秆发酵、分解、除臭、净化、浓缩等过程。

（1）自动化程度高。采用一体化设计和一键式操作，操作简单易学。

（2）加工时间短，批次运行全过程只需 6～24h，有机肥产品质量达到国家标准 NY/T 525—2021。

（3）腐熟周期短，腐熟时间 7d 左右。

（4）场地要求低，不需要建设大型堆场，不受天气影响。

（5）生产过程中无恶臭，无蝇虫滋生。

4. 核心设备

生产线由揉丝机、粉尘辅料房、上料机、制肥机、翻堆机、翻堆槽、传送机和包装设备等组成，主要设备及车间如图 7-18 至图 7-22 所示（陆四清供图）。

图 7-18　揉丝机和粉尘房

图 7-19　上料机

图 7-20 制肥机   图 7-21 翻堆机

5. 投资概算

一条有机肥料生产线的总投资为 160 万元，其中设备投资 120 万元，厂房及其他设施投资 40 万元，另外，需要流动资金约 50 万元。每吨生产成本含养殖场牛羊粪收集、菌种、燃烧颗粒、电费、水费、包装材料和人员工资及检测费用大约为 700 元。

6. 取得成效

生产线设备满负荷生产可年消纳农作物秸秆 1 000t，畜禽粪污 5 000t，年加工有机肥 5 000t，年销售额 100 万元以上；生产的有机肥一部分用于种植燕麦、小麦等农作物，一部分有机肥出售至蔬菜种植基地。

以畜禽粪污、稻草秸秆等农业废弃物为主料生产有机肥，实现农业和农村循环经济，稻草、秸秆等农村废弃物循环利用，减少了焚烧，降低了对大气的污染。同时，利用先进的现代工业技术、农业生物技术，将养殖场的牛羊粪污生产有机肥，不仅解决了粪污污染隐患，还缓解了优质农资供应不足的困难，有利于发展循环农业，促进农业产业化的发展，对解决"三农"问题起到了积极的推动作用。

图 7-22 加工车间

第七节　垫料利用

一、技术模式

牛羊粪污经自然干燥，作为牛羊卧床垫料，最终还田利用或作为燃料利用，适用于西北干旱少雨地区牛羊规模养殖。

二、典型案例（大通存军牛羊养殖专业合作社）

1. 合作社基本情况

合作社位于青海大通县长宁镇中咀山村，成立于 2008 年，主要从事肉牛养殖。养殖场占地 50 亩，建有畜棚 8 栋，共 7 500m²，堆粪场 3 600m³。沉淀池 130m³。现存栏西门塔尔肉牛 260 头，年出栏 330 头。2022 年运动场内新建遮雨棚约 1 000m²。

2、粪污处理关键措施

（1）做好雨污分流。运动场修建遮雨棚、安装雨水分流管道，建设排水和排污沟等，确保雨水不能进入养殖圈舍和运动场，确保雨污分流。

（2）适量养殖，保持合理养殖密度。牛自由采食，养殖密度：圈舍内每头不小于 5m²，运动场内每头不小于 15m²。

（3）及时清除宿粪，保持圈舍、运动场干燥卫生。圈舍内空间狭小，粪污积累快，需要定时清理，尿液和污水通过管道排到沉淀池。运动场内粪污可作为垫料，根据牛育肥时限、粪污量和粪污发酵要求、还田利用时间等进行清理。

（4）发酵还田利用。从运动场清除的粪污发酵熟化后还田，不宜直接使用。

3. 特点和成效

（1）圈舍和运动场污水得到根本性解决，消除了养殖场污水环境污染隐患。

（2）动物福利水平提高，牛只健康水平提高。干牛粪作为垫料得到广大养殖户认可，养殖生产实践中广泛应用。据一项调研结果，以牛粪再生垫料为基础的奶牛场垫料模式占比达到 58.33%，干牛粪铺垫运动场，奶牛舒适性提高，躺卧时间延长。

（3）牛只肢蹄病、乳房炎等发病率降低，养殖成本减少，养殖效益提高。

（4）不同设施条件、不同畜种，粪污处理效果不同。如图 7-23 所示，牦牛露天散养，饲养密度较小，天气晴朗，以牛粪做为卧床，牛躺卧率很高，很舒适。图 7-24，为一牛羊养殖场运动场情况，由于雨污不分，排水设施不符合要求，导致遭遇下雨天气或养殖密度过大时，粪污不能及时排出，污水聚集，造成环境污染安全隐患。图 7-25，为运动场完全安装了遮雨棚的肉牛养殖场，雨污完全分离，牛养殖密度小，圈舍内干燥清洁，牛粪做为卧床，效果良好。

图 7-23 乐都某肉牛养殖场

图 7-24 海晏某肉牛养殖场

图 7-25 存军牛羊养殖专业合作社

第八节 牧区养殖粪污综合利用

一、基本情况

草原是青藏高原乃至全国重要的生态安全屏障，同时也是青海省各族农牧民世代生活的家园和赖以生存的重要生产资料。青海省是我国五大牧区之一，草原牧区占全省国土面积的 96%，自然环境恶劣、生态系统脆弱。

近年来，青海省坚持绿水青山就是金山银山的理念，统筹山水林田湖草系统治理，大力开展草原生态保护工作，先后启动实施了退牧还草、三江源生态保护与建设、青海湖流域生态环境综合治理、祁连山流域生态综合治理、退化草原人工种草修复等一系列重大生态工程，全面落实草原生态保护补助奖励机制政策，"十三五"期间，青海共建成草原封育围栏 3 293.30 万亩，补播改良 918.17 万亩，治理黑土滩型退化草地 797.81 万亩，治理沙化型退化草地 83.07 万亩，建设人工草地 135.32 万亩，全省草原综合植被盖度达到 57.4%，比 2011 年提高了 3.2 个百分点，通过一系列草原生态保护建设工程和政策落实，全省草原保护建设工作不断强化，取得了明显成效，草原生态环境总体呈好转趋势，水源涵养能力显著提高，三江源地区水源涵养量超过 211 亿 m^3，再现千湖奇观，生物多样性逐步得到恢复，为保障国家生态安全、促进经济社会可持续发展、维护地区稳定和民族团结发挥了重要作用。

牦牛和藏羊是青海牧区优势畜种，2022 年末，青海省牛存栏约 645 万头，其中牦牛占 90% 以上，羊存栏约 1 350 万只，藏羊约占 88%。牦牛、藏羊等草食动物在青藏高原生态系统中占据着不可替代的作用。牛粪、羊粪是牧民的宝贝，它不但维系着草原营养平衡，更是牧民日常生活不可缺少的生活物资，有些地方已成为独特的文化要素。

二、利用模式

1. 全量自然还草

按照典型牧区养分循环计算模式，青海省每年牧区牛羊粪污排放量为 4 457.3 万 t，养分贮量为 41.5 万 t，其中氮 31.9 万 t、磷 4.8 万 t、钾 4.8 万 t，可替代尿素 68.3 万 t、过磷酸钙 64.4 万 t、氧化钾 12.0 万 t。按照牧区粪污全部自然还田消纳的模式，相当于在全省可利用草场中每亩施用粪肥 0.9kg，若换算成化肥使用量，则每亩可替代化肥 4.7kg。

牦牛和藏羊常年以放牧为主，牦牛成年公牛、驮牛甚至冬季也以在草场觅食为主，很少归牧。因此，牧区食草家畜的粪污通过还草而充分利用（图 7-26），按照牦牛和藏羊在圈内舍饲饲养时间推算，其粪污资源化利用率达到 95% 以上，与农业农村部直联直报平台测算数据基本一致。

2. 燃料化利用

在高寒牧区，特别是夏秋草场，牛羊粪污是牧民生火做饭、睡觉取暖、冬季牛羊圈舍保温的主要燃料；也是牧民圈窝子种草、种植蔬菜免费的有机肥料。由于牛羊在圈内卧宿时间较短，产生的粪污有限，有的牧民需要从附近草场捡拾牛粪。而牛羊较多的牧户，则可以将多余的牛羊粪出售，25kg 约 20 元（图 7-27 至图 7-30）。

图 7-26　粪便自然还草

图 7-27　羊圈舍煨炕保温

图 7-28　牛羊粪燃料化利用

图 7-29　生活用羊板粪

图 7-30　羊圈舍煨炕保温

3. 实用型材料

（1）制作燃料。在青海贵南地区，牧民用牛粪与麦秆草屑混合拌匀，贴到院墙上，用手拍实，晾晒干以后码在房檐或院墙上或堆砌成牛粪垛作为燃烧材料，随取随用。有的合作社或养殖企业，以牛羊粪为主要原料，添加助燃剂制成专用生物质燃料商品出售。如图 7-31、图 7-32 所示（囊谦忠巴阿宝农牧业发展有限公司提供）。

图 7-31　生物质
燃料

图 7-32　生物质燃料燃烧情况

（2）用作围圈。夏天牛粪多时，牧民会将牛粪饼块集中起来在自家门前码成围墙，里面是菜园，进入冬天又在围墙中圈养牛羊。有的牧民甚至会用牛粪筑圈，牛羊少的牧户只围1个圈，小羊在中央，大羊在小羊的外边，牛在最外围，这样既可防止野兽侵袭，又可以防寒保暖。用牛粪筑圈方便、省工，还可以根据风向降低或加高围墙的背风面和迎风面（图7-33）。

图7-33　牛粪围圈

4. 文化消费

牛羊粪在高寒牧区不仅是草原、灌木、森林不可或缺的营养物质，更是千百年来牧民赖以生活的燃料，它经济、实惠，在一定程度上解决牛羊集中养殖造成环境污染隐患的同时，节省了大量木材，为保护生态发挥了重要作用。不少地区的藏族群众以牛粪为材料、为元素，与民族文化相结合，制作出充满传统文化气息的"图案""图腾""牛粪墙""牛粪圈"等，既有实用性，又有观赏性，表达了牧民群众对美好生活的热爱，也展示了她们无穷的才华和智慧。有些地方，牛粪多的人家还是治家有方、勤劳富有的象征。如图7-34、图7-35所示。

图7-34　海北州门源县一景点牛粪墙和饰品　　图7-35　海北州门源县一景点"牛粪牛"

第八章　畜禽粪污土地承载能力

第一节　畜禽粪污土地承载能力

一、土地承载力的提出及演化

"承载力"也称为"承载能力"，是一种客观存在的本质属性。承载力起初是一个纯粹的物理学概念，指的是物体在不被破坏的情况下能承载的最大负荷。承载力思想起源于人们对适度人口的讨论，而适度人口理论源于柏拉图著作《理想国》中关于人口应有"最佳限度"的思考。早期的讨论和思考主要关注人口增长受土地限制及其二者之间均衡关系。人文社会科学领域承载力的讨论源于人口学、生态学和种群生物学领域，1798 年 Malthus 在著作《人口原理》中首次提出研究人口承载力的研究框架，他从食物作为人类生存的必需品，且二者之间关系不会改变的角度出发，说明食物以算术级数的速度增长，人口却以几何级数增长，随着时间的推移，人口和食物之间的矛盾会愈加突出，且难以调和，必须采取一些措施限制人口的数量。比利时数学家 Verhust 于 1938 年应用当时的人口统计数据，用 Logistic 模型和 Malthsu 的理论建立了预测人口上限的模型。但在现实中，生态系统的评估常用非线性模型，一种简单的数学模型难以准确反映生态系统变化特征。某地区耕地的产出情况确定能承载的人口上限数量。因承载力理论可以用某种量化的模型加以描述，因而很快在其他领域得到广泛推广和应用。承载力的认识经历了从自然生态系统种群承载力到人类生态系统承载力再到自然生态系统承载力的演变过程。Hawden 和 Palmer（1922 年）提出用"载畜量"表示一定草地资源内的最大牲畜数量。这些研究形成了土地承载力研究的雏形，在此基础上随着科技的进步和社会经济的发展，土地承载力的研究不断趋于成熟和完善。

自 20 世纪 60—70 年代以来，随着全球人类社会工业化、城镇化进程的加快，全球性人口膨胀和资源短缺之间的矛盾更加突出，资源承载力的研究受到世界各国的重视。20 世纪 80 年代，联合国教科文组织将承载力定义为：在可预见的时间内，利用当地资源及其自然资源和智力、技术等条件，在保护符合其社会文化准则的物质生活水平下所持续供养的人口数量，用来反映一个国家或者地区在特定时期内的资源承载力。随着土地承载力研究的深入和各国对资源重要性认识的不断提高，联合国粮农组织（FAO）、联合国教科文组织等逐步提出了土地资源承载力、水资源承载力、森林资源承载力及矿产资源承载力等，并在相应领域开展了深入系统的研究。

国内最早由任美锷于 1950 年评估了四川省耕地资源及人口承载量，开启了国人对该课题的关注和持续研究。1986—1990 年，中国科学院借鉴联合国粮农组织有关方法开展了"中国土地资源生产能力及人口承载量研究"的工作，是国内最早、最全面和最具影响的研究成果。此外，国内学者通过进一步借鉴国外的经验和方法，提出了一些具有一定创新性的理论和方法，如三维生态足迹模型的一体化表征，"社会人"视角下的土地综合资源承载力模型构建等。总体来说，土地承载力指的是土地作为自然和社会经济综合体所能承载的人类活动的规模及强度。这些研究成果一般都有两个方向，要么是根据土地的产出能力等单一因素研究其承载能力，要么是用生产能力、经济效果、环境影响等因素综合评价土地的承载能力。

二、畜禽粪污土地承载力

畜禽粪污土地承载力，即土地对畜禽粪污处理和利用的能力，是一个重要的环保和农业生产问题。其概念起源于对土壤肥力和环境可持续发展的关注。土地承载力的由来可以追溯到 20 世纪 60 年代，当时环保意识逐渐加强，人们开始关注农业生产活动对土壤肥力、环境和生态系统的影响。在这一背景下，土地承载力的概念逐渐形成，它旨在衡量土地在维持生态系统平衡、土壤肥力和农业生产方面的能力。畜禽粪污土地承载力主要关注的是畜禽粪污处理和利用对土地承载力的影响。随着对畜禽粪污土地承载力研究的深入，研究人员发现，合理利用畜禽粪污可以提高土壤肥力，促进作物生长，降低化学肥料的使用量，从而减少环境污染。然而，如果畜禽粪污处理和利用不当，可能会导致土壤污染、地下水污染、生态系统破坏等问题，进而降低土地承载力。因此，畜禽粪污土地承载力的研究对于农业生产和环境保护具有重要意义。通过对畜禽粪污土地承载力的评估，可以指导农业生产活动，确保畜禽养殖业的可持续发展，同时保护生态环境和土壤肥力。

2018 年，农业农村部办公厅印发《畜禽粪污土地承载力测算技术指南》，对畜禽粪污土地承载力概念的定义是：在土地生态系统可持续运行的条件下，一定区域内耕地、林地和草地等所能承载的最大畜禽存栏量。

三、影响畜禽粪污土地承载力的因素

1. 土壤类型和质地

不同类型和质地的土壤对畜禽粪污的承载能力不同。通常，沙质土、酸性土壤和盐碱地等较低土壤承载力的土壤，对畜禽粪污的利用和处理需要更加谨慎。

2. 养分含量

畜禽粪污中含有丰富的氮、磷、钾等养分，但不同畜禽品种、饲养方式和粪污处理方法会导致养分含量的差异。因此，在评估土地承载力时需要考虑养分含量的实际情况。

3. 水分条件

畜禽粪污的水分含量会影响其在土壤中的扩散和微生物活动。适当的水分条件有助于提高畜禽粪污的利用效率，而过多或过少的水分都可能导致不良影响。

4. 土壤微生物

土壤微生物在畜禽粪污的分解和养分转化过程中起着重要作用。在评估土地承载力时，需要考虑土壤微生物的活性和多样性。

5. 环境因素

气候、地形等环境因素也会影响畜禽粪污的土地承载力。例如，高温、干旱等极端气候条件可能导致畜禽粪污的快速分解，从而降低土地承载力。

总之，畜禽粪污土地承载力的评估需要综合考虑土壤、水分、养分、微生物等多种因素，以确保畜禽粪污的合理利用和环境保护。在实际生产中，可以通过适当的处理方法（如堆肥、厌氧消化等）降低畜禽粪污的有害物质含量，提高其利用效率。

第二节 《畜禽粪污土地承载力测算 技术指南》解读

随着我国经济社会的快速发展，畜牧业规模化养殖水平明显提高，有效保障了全国人民的肉蛋奶需求的供给，但目前大量养殖废弃物没有得到有效处理和利用，成为农村环境治理一大难题。为此，国务院出台了《国务院办公厅关于加快推进畜禽养殖废弃物资源化利用的意见》，这是中华人民共和国第一个畜禽粪污资源化利用指导性文件，在畜牧业发展史上具有里程碑意义。为贯彻落实《国务院办公厅关于加快推进畜禽养殖废弃物资源化利用的意见》，指导各地优化调整畜牧业区域布局，促进农牧结合、种养循环农业发展，加快推进畜禽粪污资源化利用，引导畜牧业绿色发展，农业农村部于2018年印发了《畜禽粪污土地承载力测算技术指南》（以下简称《指南》）。土地承载力测算的目标在于科学测算土壤最大承载粪肥的阈值、评价土壤环境承载力状况、污染核算基础数以及为协助政策措施提供科学支撑。同时在充分利用畜禽粪污养分资源、不产生新的农田和农产品污染的基础上，满足国家现有的相关法规要求，提高畜禽养殖的土地承载力。

一、《指南》的重要意义

2018年我国畜禽粪污产生量约38亿t，其中氮养分含量1 350万t，磷养分含量510万t，养分含量相当于我国化肥年产量的27%。到目前为止还有约22%的畜禽粪污没有有效利用，既产生了环境污染，同时也是资源浪费。如果将这些畜禽粪污经过无害化处理后变为粪肥，就近就地利用，既解决了耕地有机质提升的问题，又解决了粪污的出路问题。《指南》按照以地定畜、种养平衡的原则，从畜禽粪污养分供给和土壤粪肥养分需求的角度出发，提出了畜禽存栏量、作物产量、土地面积的换算方法，是畜禽粪污作为肥料还田利用的重要指导性文件，是优化畜牧业区域布局的重要依据。一方面，部分畜牧大县畜禽存栏量超过了土地的承载能力，需要积极引导，逐步调减养殖数量。另一方面，承接畜牧业转移的区域，要在科学测算的基础上，合理确定养殖规模，制定畜牧业发展规划，避免走先污染后治理的老路。《指南》对加强规模养殖场配套粪污消纳用地，科学合理施用粪肥等具有重要指导作用。

二、《指南》的主要特点

第一，理念有创新。《指南》参考发达国家养分综合管理的思路，首次提出了以畜禽粪污养分为基础的猪当量概念，根据不同畜种粪污中的氮磷养分含量，统一确定猪当量折算系数。畜禽粪污土地承载力及规模养殖场配套土地面积测算，以氮养分供给和需求为基础测算，对于特殊区域，以磷养分供给和需求为基础测算。

第二，数据科学准确。该指南应用的主要技术参数，都是中国农业科学院、中国农业大学等单位多年研究的结果，其中单位猪当量养分产生量、供给量等数据来源于专家实地监测结果，单位作物产量养分需求量等数据也都采用了最新研究成果。考虑到植物养分 50% 以上来自于土壤，不同土壤需要的养分量不同，该指南根据氮磷含量将土壤划分为 3 个等级，并给出了相应的施肥比例。

第三，测算方法务实。该指南对一些重要参数给出了通用数值，也允许各地根据实测值进行适当调整，有利于提高测算的准确性。例如，在常规处理方式下，如果仅将肥水就地利用，以氮为基础测算，1 亩大田作物可以承载猪当量 2～5 个；如果对肥水进行了深度处理，承载的猪当量可以达到几十个。

三、《指南》解读

（一）适用范围

《指南》规定的适用范围：适用于区域畜禽粪污土地承载力和畜禽规模养殖场粪污消纳配套土地面积的测算。在实际的应用中，主要用于测算某地区土地（主要是耕地、林地等）资源与畜禽养殖业之间的平衡关系，为评估该地区养殖业发展潜力提供依据，也有用来测算采取粪污还田资源化利用模式的养殖场应配套粪污消纳土地面积。

（二）《指南》测算依据

《国务院办公厅关于加快推进畜禽养殖废弃物资源化利用的意见》；

《畜禽规模养殖污染防治条例》；

《畜禽粪污还田技术规范》（GB/T 25246—2010）；

《畜禽粪污农田利用环境影响评价准则》（GB/T 26622—2011）；

《畜禽养殖业污染治理工程技术规范》（HJ 497—2009）；

其他有关法律法规和技术规范。

（三）主要概念

1. 畜禽规模养殖场粪污消纳配套土地面积

指畜禽规模养殖场产生的粪污养分全部或部分还田利用所需要的土地面积。

2. 猪当量

指用于衡量畜禽氮（磷）排泄量的度量单位，1 头猪为 1 个猪当量。1 个猪当量的氮排泄量为 11kg，磷排泄量为 1.65kg。按存栏量折算：100 头猪相当于 15 头奶牛、30 头肉牛、250 只羊、2 500 只家禽。生猪、奶牛、肉牛固体粪污中氮素占氮排泄总量的 50%，磷素占 80%；羊、家禽固体粪污中氮（磷）素占 100%。猪当量是衡量畜禽氮（磷）排泄量的度量单位，1 头猪为 1 个猪当量，1 个猪当量相当于 1 头体重 70kg 的猪，1 年（365d）排泄产生的氮元素的量为 11kg，磷元素的量为 1.65kg。在实际测算中应注意，对于奶牛、肉牛、蛋鸡等饲养周期超过 1 的畜种应按其存栏量作为饲养量按上述对应关系折算猪当量，对于饲养周期不足 1 年的畜禽应将其出栏量作为饲养量按上述对应关系折算猪当量，特别注意生猪的饲养量为当年出栏量加能繁母猪存栏量作为当年饲养量。

3. 畜禽粪肥（简称粪肥）

指以畜禽粪污为主要原料通过无害化处理，充分杀灭病原菌、虫卵和杂草种子后作为肥料还田利用的堆肥、沼渣、沼液、肥水和商品有机肥。这里重在强调粪肥的标准，就是要求还田的粪污要通过采取高温发酵、厌氧发酵等无害化工艺，使粪污中病原菌、寄生虫虫卵和杂草种子达到《畜禽粪污还田技术规范》（GB/T 25246）规定的要求后才能称为粪肥，现阶段诸多用《畜禽粪污土地承载力测算技术指南》建议方法评估某地区土地承载能力的研究报道都忽略了这一要求，将所有产生的粪污都按指南当作粪肥处理。当然这是一种粗略的估算方法，养殖业庞大的体系、复杂的结构和多元的经营主体等实际因素导致目前难以有效准确掌握某一地区各类性畜粪肥达标还田的比例。由此来看，要提高测算的精准度，需要建立全省养殖业资源化利用数据库，在此基础上形成更加完善的测算体系。

4. 肥水

指畜禽粪污通过氧化塘或多级沉淀等方式无害化处理后，以液态作为肥料利用的粪肥。

（四）测算原则

畜禽粪污土地承载力及规模养殖场配套土地面积测算以粪肥氮养分供给和植物氮养分需求为基础进行核算，对于设施蔬菜等作物为主或土壤本底值磷含量较高的特殊区域或农用地，可选择以磷为基础进行测算。畜禽粪肥养分需求量根据土壤肥力、作物类型和产量、粪肥施用比例等确定。畜禽粪肥养分供给量根据畜禽养殖量、粪污养分产生量、粪污收集处理方式等确定。

（五）测算方法

1. 区域畜禽粪污土地承载力测算方法

区域畜禽粪污土地承载力等于区域植物粪肥养分需求量除以单位猪当量粪肥养分供给量（以猪当量计）。承载力的大小最终结果用猪当量的形式表示，通过测算得到的猪当量是理论猪当量，某地区的各类牲畜饲养量折算成的猪当量是实际猪当量，实际猪当量与理论猪当量的比值可以反映该地区畜禽粪污资源土地承载力情况，可以作为该地区调整优化养殖业结构，谋划发展布局提供参考依据。

2. 区域植物养分需求量

根据区域内各类植物（包括作物、人工牧草、人工林地等）的氮（磷）养分需求量测算，计算方法如下。

区域植物养分需求量 $=\sum$ [每种植物总产量（总面积）× 单位产量（单位面积）养分需求量]

不同植物单位产量（单位面积）适宜氮（磷）养分需求量可以通过分析该区域的土壤养分和田间试验获得，无参考数据的可参照表 8-1 确定。表 8-1 中列出的就是《畜禽粪污土地承载力测算技术指南》中的附表，其中给出了大多数常见农作物、果蔬、经济作物、人工草地和林地的单位产量需要吸收氮磷元素的量，但在实际使用过程中有些作物未列入该表，需查阅相关文献、报告确定或参考标准给出数据进行估计。

表 8-1 不同植物形成 100kg 产量需要吸收氮磷量推荐值

作物种类		氮（kg）	磷（kg）
大田作物	小麦	3.0	1.0
	水稻	2.2	0.8
	玉米	2.3	0.3
	谷子	3.8	0.44
	大豆	7.2	0.748
	棉花	11.7	3.04
	马铃薯	0.5	0.088

（续表）

作物种类		氮（kg）	磷（kg）
蔬菜	黄瓜	0.28	0.09
	番茄	0.33	0.1
	青椒	0.51	0.107
	茄子	0.34	0.1
	大白菜	0.15	0.07
	萝卜	0.28	0.057
	大葱	0.19	0.036
	大蒜	0.82	0.146
果树	桃	0.21	0.033
	葡萄	0.74	0.512
	香蕉	0.73	0.216
	苹果	0.3	0.08
	梨	0.47	0.23
	柑橘	0.6	0.11
经济作物	油料	7.19	0.887
	甘蔗	0.18	0.016
	甜菜	0.48	0.062
	烟叶	3.85	0.532
	茶叶	6.40	0.88
人工草地	苜蓿	0.2	0.2
	饲用燕麦	2.5	0.8
人工林地	桉树	3.3kg/m³	3.3kg/m³
	杨树	2.5kg/m³	2.5kg/m³

3.区域植物粪肥养分需求量

根据不同土壤肥力下，区域内植物氮（磷）总养分需求量中需要施肥的比例、粪肥占施肥比例和粪肥当季利用效率测算，计算方法如下。

$$区域植物粪肥养分需求量 = \frac{区域植物养分需求量 \times 施肥供给养分占比 \times 粪肥占施肥比例}{粪肥当季利用率}$$

氮（磷）施肥供给养分占比根据土壤氮（磷）养分确定，土壤不同氮磷养分水平下的施肥占比推荐值见表 8-2。不同区域的粪肥占施肥比例根据当地实际情况确定；粪肥中氮素当季利用率取值范围推荐值为 25% ～ 30%，磷素当季利用率取值范围推荐值为 30% ～ 35%，具体根据当地实际情况确定。根据表 8-2 确定土壤施肥占比时需要确定土壤中氮磷养分水平，土壤中氮磷养分水平可通过查阅文献资料、检测报告等方法确定，有必要时须采集土壤样品进行测定以提高测算的准确度，从而更好地指导粪肥还田利用工作。

表 8-2 土壤不同氮磷养分水平下施肥供给养分占比推荐值

土壤氮磷养分分级		I	II	III
施肥供给占比		35%	45%	55%
土壤全氮含量（g/kg）	旱地（大田作物）	> 1.0	0.8 ～ 1.0	< 0.8
	水田	> 1.2	1.0 ～ 1.2	< 1.0
	菜地	> 1.2	1.0 ～ 1.2	< 1.0
	果园	> 1.0	0.8 ～ 1.0	< 0.8
土壤有效磷含量（mg/kg）		> 40	20 ～ 40	< 20

4. 单位猪当量粪肥养分供给量

综合考虑畜禽粪污养分在收集、处理和贮存过程中的损失，单位猪当量氮养分供给量为 7.0kg，磷养分供给量为 1.2kg。该技术指南中给出了常见畜禽与换算猪当量的关系，在测算时可直接使用，但对于没有给出换算关系的畜禽需根据已有排泄和化学成分分析结果进行氮磷排泄量、还田量的计算，或研究出该畜禽与猪当量的折算关系后再按猪当量计算。如广泛分布在青海省等广大青藏高原地区的牦牛作为当地最主要的家畜，没有给出其与猪当量的折算关系，因此在推算牦牛与猪当量的折算关系时，需借鉴现有研究报道的结果。作者根据第二次污染源畜禽排污系数测算工作结果，按氮元素的排泄量与猪当量进行计算得出，100 个猪当量相当于 54 头牦牛，但由于该工作仅测定了牦牛舍饲情况两个季度的产排污情况及粪污中的化学成分，所以不能全面反映牦牛产排污情况，但采用该折算关系的结果应好于采用肉牛与猪当量的折算关系取得的结果。

（六）规模养殖场配套土地面积测算方法

规模养殖场配套土地面积等于规模养殖场粪肥养分供给量（对外销售部分不计算在内）除以单位土地粪肥养分需求量。这里养分指的是氮或磷养分的需求量。

1. 规模养殖场粪肥养分供给量

根据规模养殖场饲养畜禽存栏量、畜禽氮（磷）排泄量、养分留存率测算，计算公式如下。

粪肥养分供给量 =∑［各种畜禽存栏量 × 各种畜禽氮（磷）排泄量］× 养分留存率

不同畜禽的氮（磷）养分日产生量可以根据实际测定数据获得，无测定数据的可根据猪当量进行测算。固体粪污和污水以沼气工程处理为主的，粪污收集处理过程中氮留存率推荐值为65%（磷留存率为65%）；固体粪污堆肥、污水氧化塘贮存或厌氧发酵后农田利用为主的，粪污收集处理过程中氮留存率推荐值为62%（磷留存率为72%）。粪污处理、还田工艺不同留存率存在较大差别，在测算时如果处理工艺与推进工艺不同时须查阅资料进行调整，或进行调查和试验研究进行确定。

2. 单位土地粪肥养分需求量

单位土地养分需求量为规模养殖场单位面积配套土地种植的各类植物在目标产量下的氮（磷）养分需求量之和，各类作物的目标产品可以根据当地平均产量确定，具体参照区域植物养分需求量计算。施肥比例根据土壤中氮（磷）养分确定，土壤不同氮磷养分水平下的施肥比例推荐值见表8-2。粪肥占施肥比例根据当地实际情况确定。粪肥中氮素当季利用率推荐值为25% ～ 30%，磷素当季利用率推荐值为30% ～ 35%，具体根据当地实际情况确定。

根据不同土壤肥力下，单位土地养分需求量、施肥比例、粪肥占施肥比例和粪肥当季利用效率测算，计算方法如下。

$$单位土地粪肥养分需求量=\frac{单位土地养分需求量×施肥供给养分占比×粪肥占施肥比例}{粪肥当季利用率}$$

表8-3和表8-4是根据该技术指南方法在选定条件下测算的不同作物在对应目标产量情况下单位面积土地猪当量承载能力，可作为测算养殖场配套畜禽粪污消纳土地面积的参考。产量、特定条件发生变化时需按该技术指南方法进行重新测算。

表 8–3 不同植物土地承载力推荐值（土壤氮养分水平Ⅱ，粪肥比例 50%，当季利用率 25%，以氮为基础）

作物种类		目标产量（t/hm²）	土地承载力（猪当量/亩/当季）	
			粪肥全部就地利用	固体粪污堆肥外供＋肥水就地利用
大田作物	小麦	4.5	1.2	2.3
	水稻	6	1.1	2.3
	玉米	6	1.2	2.4
	谷子	4.5	1.5	2.9
	大豆	3	1.9	3.7
	棉花	2.2	2.2	4.4
	马铃薯	20	0.9	1.7
蔬菜	黄瓜	75	1.8	3.6
	番茄	75	2.1	4.2
	青椒	45	2.0	3.9
	茄子	67.5	2.0	3.9
	大白菜	90	1.2	2.3
	萝卜	45	1.1	2.2
	大葱	55	0.9	1.8
	大蒜	26	1.8	3.7
果树	桃	30	0.5	1.1
	葡萄	25	1.6	3.2
	香蕉	60	3.8	7.5
	苹果	30	0.8	1.5
	梨	22.5	0.9	1.8
	柑橘	22.5	1.2	2.3
经济作物	油料	2.0	1.2	2.5
	甘蔗	90	1.4	2.8
	甜菜	122	5.0	10.0
	烟叶	1.56	0.5	1.0
	茶叶	4.3	2.4	4.7
人工草地	苜蓿	20	0.3	0.7
	饲用燕麦	4.0	0.9	1.7
人工林地	桉树	30m³/hm²	0.9	1.7
	杨树	20m³/hm²	0.4	0.9

表8-4 不同植物土地承载力推荐值（土壤磷养分水平Ⅱ，粪肥比例50%，当季利用率30%，以磷为基础）

作物种类		目标产量（t/hm²）	土地承载力（猪当量/亩/当季）	
			粪肥全部就地利用	固体粪污堆肥外供＋肥水就地利用
大田作物	小麦	4.5	1.9	4.7
	水稻	6	2.0	5.0
	玉米	6	0.8	1.9
	谷子	4.5	0.8	2.1
	大豆	3	0.9	2.3
	棉花	2.2	2.8	7.0
	马铃薯	20	0.7	1.8
蔬菜	黄瓜	75	2.8	7.0
	番茄	75	3.1	7.8
	青椒	45	2.0	5.0
	茄子	67.5	2.8	7.0
	大白菜	90	2.6	6.6
	萝卜	45	1.1	2.7
	大葱	55	0.8	2.1
	大蒜	26	1.6	4.0
果树	桃	30	0.4	1.0
	葡萄	25	5.3	13.3
	香蕉	60	5.4	13.5
	苹果	30	1.0	2.5
	梨	22.5	2.2	5.4
	柑橘	22.5	1.0	2.6
经济作物	油料	2.0	0.7	1.8
	甘蔗	90	0.6	1.5
	甜菜	122	3.2	7.9
	烟叶	1.56	0.3	0.9
	茶叶	4.3	1.6	3.9
人工草地	苜蓿	20	1.7	4.2
	饲用燕麦	4.0	1.3	3.3
人工林地	桉树	30m³/hm²	4.2	10.4
	杨树	20m³/hm²	2.1	5.2

（七）特殊区域或特殊作物的土地承载力测算

一些特殊区域或特殊作物中畜禽粪污土地承载力的测算有别于上述方法，主要注意以下几个方面。

一是特殊区域土壤中磷元素含量较高，当土壤中磷含量超过 60mg/kg 时，畜禽粪污土地承载力的计算应以磷元素为依据进行测算，其他情况以氮元素为依据进行测算。

二是设施果蔬种植基地土壤中前期施肥量大，土壤中有机质的含量较高，长期以来土壤中磷元素的积累多，在按《指南》进行测算时应适当降低粪肥替代化肥的比例，并以磷元素为基础进行测算。

三是对于《指南》中列出的常见作物之外的特殊作物，在测算时各地可根据有关部门的推荐值和土壤中养分含量的测定值进行测算。

四是对于将农作物秸秆作为粪肥发酵辅料进行发酵腐熟后还田的情况进行测算时，应考虑秸秆中养分的供给量。例如，玉米秸秆中氮元素的含量约为 0.92%，磷元素含量约为 0.15%。对于秸秆直接还田的情况，由于秸秆在土壤中腐熟和降解周期较长，在测算时可忽略不计。

四、粪肥的科学施用

粪肥还田要经过相应工艺处理后须达到相关标准的要求，尤其是病原微生物、重金属含量等要达到要求，除此之外还应注意以下几点。

第一，要注意粪肥养分释放缓释性特点。与常规化学肥料相比，粪肥养分浓度低，施用后见效慢，使用比例不合适可能会影响农作物产量。因此，粪肥的施用须在农业专家指导下逐步提高，并最后维持在一个合理的水平上。

第二，粪肥替代化肥比例的确定要合理。在一般情况下，粪肥替代化肥的比例是 50%，最高可以达到 100%。但在自然腐熟的情况下，由于发酵不彻底，过量施用粪肥会对农作物生产产生负面影响，所以粪肥替代化肥的最佳比例建议在 20% ～ 50%。粪肥还田过程中要注意粪肥成分检测，并根据作物生长情况，发现养分不平衡或某种养分不足时，可适当采用单一化肥进行补充。

第三，施肥方法要科学。一般来讲，粪肥作为基肥进行施用。固体粪肥在播种前撒到田地，并在播种前翻入土壤中。液体粪肥作基肥施用时，旱地可以开沟施肥后用土覆盖，水地在耕地前进行浇灌。此外，液体粪肥发挥作用较快，也可以作为追肥施用。

第三节　畜禽粪污土地承载力测算实例（以青海省为例）

为进一步摸清全省畜禽粪污耕地承载能力，为畜牧业高质量发展决策和优化产业布局提供依据，根据农业农村部《畜禽粪污土地承载力测算技术指南》（以下简称《指南》）对全省畜禽粪污耕地承载能力进行分析测算，形成如下报告。

一、测算思路与方法

（一）测算思路

本报告根据《指南》的方法，首先测算全省主要耕地种植农作物粪肥氮、磷养分总体需要量；其次根据全省主要家畜存出栏行业数据核算饲养量，再将饲养量按《指南》折算为猪当量后，计算全省畜禽粪污氮、磷排泄总量和可作为粪肥养分的供给量；最后对全省耕地粪肥养分需要量和产生量进行对比，通过计算猪当量承载指数反映全省各地区实际承载能力，得出各地养殖发展潜力结论，为全省和各地区制定养殖业发展规划和推进畜牧业高质量发展提供参考。充分考虑到青海省是全国的主要牧区，各地均有天然可利用草地，所以在计算各地畜禽粪污土地承载力时，结合各地区草畜平衡情况，在折算猪当量前将天然草场饲养的牛、羊等草食动物饲养量去除，仅计算天然草地之外饲养家畜与当地耕地之间的承载关系。

（二）数据收集范围

根据《指南》，本测定覆盖的范围包括种植小麦、玉米、青稞、油菜等粮油作物和燕麦、苜蓿等人工饲草的耕地，及生猪、奶牛、肉牛（主要是牦牛）、绵山羊、家禽等主要家畜。为开展测算收集了2022年全省分州县猪、奶牛、肉牛（主要是牦牛）、绵羊、山羊、蛋鸡和肉鸡等主要畜禽存出栏数据，用于测算全省粪污主要养分排泄量和供给量；收集了全省分州县小麦、玉米、青稞、油菜、人工饲草、蔬菜及食用菌等的种植面积和产量，用于计算全省农作物粪肥养分需要量；收集了全省草畜平衡数据（附表4），用于在数据整理过程中剔除天然草地饲养牲畜的存出栏。人工饲草数据由省饲草站提供，草畜平衡数据由青海省草原总站提供。

（三）测算方法

1. 畜禽猪当量及养分供给量测算

根据《指南》猪当量的折算按各畜种饲养量计算，具体各畜种饲养量计算方法为：猪的饲养量为全年出栏量和年末能繁母猪存栏之和，绵山羊饲养量按当年出栏计算，奶牛饲养量按年末存栏计算，蛋鸡饲养量按年末存栏计算，肉鸡饲养量按全年出栏计算。计算出主要牲畜的饲养量后按《指南》折算猪当量，并按指南建议指标测算全省畜禽粪污氮、磷排泄量和养分供给量。其中以下几点需要说明。

一是青海省肉牛饲养量主要指的是牦牛，其体型较一般肉牛小，排泄量小，为提高计算的准确度，根据青海省畜牧总站 2020 年开展原位检测项目结果，以氮元素排泄量为基础进行计算得出 100 个猪当量相当于 54 头牦牛，并用此数据计算全省肉牛猪当量。

二是青海省是全国主要牧区之一，牦牛藏羊等主要家畜的饲养以天然草地放牧为主，天然草场放牧家畜产生的粪污不应也不便收集，所以在进行承载力测算时将天然草地饲养的放牧牛羊数量排除在外。具体算法就是各地区牛羊存栏折算成羊单位减去各地区天然草地载畜量，然后将剩余羊单位按原有牛羊比例折算为牛羊存栏，之后再按《指南》计算猪当量。天然草地载畜量数据由青海省草原总站提供。

某地区猪当量的折算按如下公式计算：

$$P=S+\frac{M}{15}+\frac{B}{54}+\frac{Y}{250}+\frac{C}{2500}+\frac{E}{2500}$$

式中：

P 为折算后的猪当量；

S 为猪的饲养量，是当年出栏数和能繁母猪年末存栏数的和；

B 为肉牛饲养量，指全省当年年末牦牛存栏数；

Y 为羊饲养量，是当年绵山羊年出栏数之和；

C 为肉鸡饲养量，是当年全年出栏肉鸡数；

E 为蛋鸡饲养量，是当年年末蛋鸡存栏数；

上述字母下面的数字为各畜种折算猪当量的折算系数。

全省猪当量计算公式如下。

$$TP=\sum_1^n P_i（i=1，2，3\cdots n）$$

式中：

TP 为全省猪当量；

P_i 为 i 地区的猪当量；

n 为全省县、区和市的个数。

2. 作物粪肥养分需要量测算

纳入此次计算的作物包括玉米、小麦、青稞、杂粮、豆类、薯类、油菜等农作物和一年生及多年生人工种植饲草，这些作物 2022 年播种面积为 918.5 万亩，其中各类农作物播种面积为 673.6 万亩，人工饲草种植面积 244.9 万亩。在计算粪肥养分需要量时将小麦、青稞和杂粮归为麦类计算，一年生牧草按燕麦计算，多年生牧草按苜蓿计算。

不同作物 100kg 产量需要的氮或磷的量按《指南》建议确定，其中麦类按小麦计算，一年生和多年生人工饲草分别按燕麦和苜蓿计算，其余的均按指南建议对应指标计算。根据相关文献，青海省部分地区土壤中总氮含量大于 2g/kg，所以计算时土壤氮磷养分等级为 II 级，施肥供给养分占比按 45% 计算，粪肥占施肥比例按 50% 计算。

某地区作物粪肥养分需要量的计算公式如下。

$$N_i = \sum_1^n \frac{\frac{Y_i}{100} \times Q_i \times F_i \times M_i}{C_i} \ (i=1, 2, 3 \cdots n)$$

式中：

N_i 为某地区耕地作物粪肥养分需要量，一般为氮或磷的需要量；

Y_i 为该地区某种农作物的年产量，以千克计；

Q_i 为该作物每生产 100kg 产量需要的 N 或 P 养分量；

F_i 为该地区的施肥比例，此处采用 45%；

M_i 为粪肥占施肥的比例，此处采用 50%；

C_i 为当季利用率，此处采用 25%；

n 为该地区农作物的种类。

全省耕地作物粪肥需要量计算公式如下。

$$TN = \sum_1^n N_i \ (i=1, 2, 3 \cdots n)$$

式中：

TN 为全省猪当量；

N_i 为 i 地区耕地作物粪肥需要量；

n 为全省县、区和市的个数。

某地区理论承载猪当量的计算公式如下。

$$CP_i = \frac{N_i}{S} \ (i=1, 2, 3 \cdots n)$$

式中：

CP_i 为某地区耕地作物理论承载猪当量；

N_i 为该地区的耕地作物粪肥需要量；

S 为单位猪当量能提供的氮或磷养分量，本报告中每个猪当量能提供氮 7.0kg，磷为 1.2kg；

n 为全省县、区和市的个数。

全省耕地理论猪当量承载能力为：

$$TCP = \sum_{i}^{n} CP_i \ (i=1, 2, 3 \cdots n)$$

式中：

TCP 为全省耕地理论承载猪当量；

CP_i 为某地区耕地理论承载猪当量；

n 为全省县、区和市的个数。

3. 猪当量承载指数的计算

猪当量承载指数是实际猪当量与耕地种植作物理论承载力之间的比值。承载指数反映一个地区在当前种植业规模和结构条件下耕地畜禽粪污土地承载能力的大小。根据有关文献，当承载力指数小于 0.7 时认为承载力有较大发展空间，当指数在 0.7 ～ 1.0 时承载力尚有发展空间，当指数在 1.0 ～ 1.4 时承载力有一定超载，当指数在 1.4 ～ 3.0 时承载力明显超载，当指数大于 3.0 时说明严重超载。猪当量承载指数的计算公式如下。

$$R_i = \frac{TP_i}{CP_i} \ (i=1, 2, 3 \cdots n)$$

式中：

R_i 为该地区猪当量承载指数；

TP_i 为某地区耕地实际饲养猪当量；

CP_i 为某地区耕地理论承载猪当量；

n 为全省县、区和市的个数。

二、耕地畜禽粪污承载力测算结果

（一）耕地农作物粪肥养分需要量

经测算，全省耕地农作物粪肥氮养分的需要量为 15.98 万 t，其中超过 1 万 t 的有西宁市 3.13 万 t，海东市 5.40 万 t，海北州 1.27 万 t，海南州 3.52

万 t，分别占全省的 19.6%、33.8%、7.9%、22.0%，合计占全省需求量的 83.4%；养分磷的需要量为 4.63 万 t，其中仅有海东市超过万吨为 1.48 万 t，占全省的 31.9%，详见表 8-5。

表 8-5 青海省耕地农作物粪肥养分需求量

地区	粪肥养分需要量合计			
	氮（t）	占比（%）	磷（t）	占比（%）
青海省	159 799.7	100.0	46 288.1	100.0
西宁市	31 312.6	19.6	8 647.3	18.7
海东市	54 034.9	33.8	14 786.0	31.9
海北州	12 685.4	7.9	3 530.3	7.6
海南州	35 170.9	22.0	10 786.2	23.3
海西州	5 361.4	3.4	1 808.4	3.9
黄南州	4 362.5	2.7	1 331.8	2.9
果洛州	7 779.8	4.9	2 494.2	5.4
玉树州	9 092.3	5.7	2 903.8	6.3

（二）全省养殖业粪污产生量

经测算，全省畜禽养殖业年排泄粪污中氮和磷分别为 11.66 万 t 和 1.75 万 t，经收集、处理等转化还田后可供农作物利用的氮、磷养分产量分别为 7.42 万 t 和 1.27 万 t，其中氮产生量超过 1 万 t 的有西宁市 1.10 万 t，海东市 1.15 万 t，海北州 1.24 万 t，海南州 2.19 万 t，磷产生量最高的为海南州和海北州分别为 0.38 万 t 和 0.21 万 t，详见表 8-6。

表 8-6 青海省养殖业粪污排泄量和养分产生量　　　　　　单位：t

地区	排泄量		养分供给量	
	氮	磷	氮	磷
青海省	116 569.9	17 485.5	74 180.9	12 716.7
西宁市	17 430.3	2 614.5	11 092.0	1 901.5
海东市	18 035.6	2 705.3	11 477.2	1 967.5
海北州	19 432.2	2 914.8	12 365.9	2 119.9
黄南州	12 924.0	1 938.6	8 224.3	1 409.9
海南州	34 380.3	5 157.1	21 878.4	3 750.6
果洛州	3 788.7	568.3	2 411.0	413.3
玉树州	10 794.7	1 619.2	6 869.4	1 177.6
海西州	717.6	107.6	456.7	78.3

（三）猪当量及其承载力指数

经测算，基于氮磷养分需要的全省畜禽粪污耕地理论承载力为 2 282.9 万～3 857.3 万猪当量，各地区以海东市最高为 771.9 万～1 232.2 万猪当量；全省牲畜饲养量经折算后为 1 059.7 万猪当量，经与理论承载猪当量对比，全省耕地承载力指数为 0.27～0.46，详见表 8-7。根据承载力分级情况来看，全省耕地承载力有较大发展空间，但耕地承载力指数地区间呈现明显不平衡，其中以氮为基础的海北州承载力为 0.97，海西州为 1.03，说明均有一定程度超载。详见图 8-1 和图 8-2。

表 8-7 青海省养殖业猪当量和承载力指数

地区	耕地理论承载猪当量（万猪当量）		实际猪当量（万猪当量）	承载力指数	
	磷	氮		磷	氮
青海省	3 857.3	2 282.9	1 059.73	0.27	0.46
西宁市	720.6	447.3	158.46	0.22	0.35
城中区	1.6	1.1	0.21	0.14	0.20
城西区	0.0	0.0	1.26	224.27	235.50
城北区	1.2	1.0	0.04	0.03	0.04
城东区	0.0	0.0	0.29	10.65	13.43
大通县	166.9	115.4	70.49	0.42	0.61
湟源县	187.1	107.9	55.35	0.30	0.51
湟中区	363.8	222.0	30.74	0.08	0.14
海东市	1 232.2	771.9	163.96	0.13	0.21
互助县	234.0	171.9	32.68	0.14	0.19
化隆县	257.8	156.6	14.41	0.06	0.09
乐都区	234.9	137.1	23.62	0.10	0.17
民和县	298.6	183.1	54.10	0.18	0.30
平安区	119.6	71.7	28.48	0.24	0.40
循化县	87.2	51.6	10.67	0.12	0.21
海北州	294.2	181.2	176.66	0.60	0.97
刚察县	37.5	26.5	31.58	0.84	1.19
海晏县	21.9	12.9	45.04	2.05	3.50

（续表）

地区	耕地理论承载猪当量（万猪当量）		实际猪当量（万猪当量）	承载力指数	
	磷	氮		磷	氮
门源县	208.2	126.9	45.29	0.22	0.36
祁连县	26.5	14.9	54.70	2.06	3.66
海南州	898.9	502.4	117.49	0.13	0.23
共和县	146.9	86.7	14.45	0.10	0.17
贵德县	203.5	113.3	12.55	0.06	0.11
贵南县	194.1	109.2	50.22	0.26	0.46
同德县	209.7	111.9	40.52	0.19	0.36
兴海县	144.6	81.3	312.55	2.16	3.84
海西州	150.7	76.6	78.62	0.52	1.03
德令哈市	60.0	26.2	74.89	1.25	2.86
都兰县	60.2	34.7	22.88	0.38	0.66
乌兰县	25.2	12.7	60.05	2.38	4.74
茫崖市	2.4	1.3	76.18	31.74	59.25
格尔木市	2.9	1.8	34.44	11.94	19.43
天峻县	0.0	0.0	14.83	0.00	0.00
大柴旦	0.0	0.0	0.00	0.00	0.00
黄南州	111.0	62.3	8.00	0.07	0.13
尖扎县	20.2	11.6	4.04	0.20	0.35
同仁市	26.8	14.4	21.64	0.81	1.51
泽库县	19.5	12.3	0.00	0.00	0.00
河南县	35.7	19.1	98.13	2.75	5.13
果洛州	207.9	111.1	0.00	0.00	0.00
班玛县	6.5	3.5	0.00	0.00	0.00
达日县	102.0	54.6	24.45	0.24	0.45
甘德县	49.1	26.1	0.00	0.00	0.00
久治县	18.6	9.9	34.37	1.84	3.48
玛多县	9.7	5.2	0.00	0.00	0.00
玛沁县	21.9	11.8	6.52	0.30	0.55

（续表）

地区	耕地理论承载猪当量（万猪当量）		实际猪当量（万猪当量）	承载力指数	
	磷	氮		磷	氮
玉树州	242.0	129.9	3.07	0.01	0.02
称多县	33.1	17.8	2.24	0.07	0.13
囊谦县	94.7	50.9	0.51	0.01	0.01
曲麻莱县	19.0	10.2	3.06	0.16	0.30
玉树市	78.5	42.1	10.12	0.13	0.24
治多县	8.8	4.7	0.00	0.00	0.00
杂多县	6.2	3.3	0.00	0.00	0.00

图 8-1 基于 N 养分的青海省土地分市（州）承载力指数

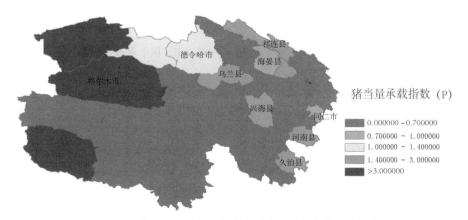

图 8-2 基于 P 养分的青海省土地分市（州）承载力指数

从分县区承载指数来看，西宁市城西区、城东区承载力指数很高，说明严重超载，但这些地区耕地承载的猪当量不大。海北州刚察县、海晏县和祁连县，海南州兴海县，海西州德令哈市、乌兰县、茫崖市、格尔木市，黄南州同仁市和河南县，果洛州久治县超载情况比较严重，详见图8-3和图8-4。

图8-3　基于N养分的青海省土地分县（市、区）承载力指数

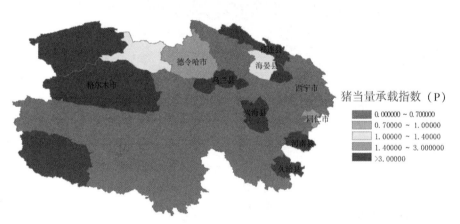

图8-4　基于P养分的青海省土地分县（市、区）承载力指数

三、结论

（1）从全省耕地承载指数来看，耕地猪当量承载指数较低，承载力还有较大发展空间，猪当量还有较大的增长空间。

按承载指数达到0.7计算，全省养殖业饲养量增加的空间在538.2万猪当量到1 640万猪当量。

（2）从分地区耕地承载指数来看，各地区耕地承载呈明显不平衡状态。

西宁市大通县、湟源县、湟中区及海东市六县作为农区，耕地承载指数均较低，养殖业具有较大发展空间，而海北州、海西州、黄南州等牧区县市承载力指数很高，当地耕地难以全面消纳本地畜禽粪污。

四、建议和意见

（1）本测算的诸多基础数据基于《指南》建议指标，部分指标与青海省实际有较大差异，更为精准的测算须开展土耕地土壤性质、牦牛藏羊等特色家畜与猪当量折算关系、青稞等特色作物单位产量养分施肥供给量等方面的深入研究和调查。

（2）从测算结果来看，全省总体耕地承载能力远未饱和，牲畜饲养量有较大发展空间，但区域间存在资源分布不均衡、承载能力不平衡的问题，应根据各地耕地、畜禽资源分布情况，推进区域协作，将超载猪当量向其他承载指数低的地区转移，尤其向西宁市、海东市等农区转移，充分利用当地耕地承载力强、农作物副产品量大的优势。

（3）调整产业结构，根据各地耕地土壤性质选择相应承载力高的农作物进行种植，以扩大承载能力，同时在气候较暖的东部地区开展农作物和饲草的两季耕种，提高单位面积耕地农作物或饲草产量，从而提高单位面积耕地承载能力。此外，也可根据不同畜种产排污特点，进行养殖业内部结构调整，优化养殖业结构，减少排放，相对提高耕地承载能力。

（4）大力推广精准饲喂、粪污源头减量技术等的推广，提高饲草饲料转化效率，减少养殖过程中氮磷等养分的排泄量，增加耕地的猪当量承载能力。

第九章　畜禽粪污资源化利用相关标准规范解读

2020年6月，农业农村部办公厅、生态环境部办公厅联合印发《关于进一步明确畜禽粪污还田利用要求强化养殖污染监管的通知》（农办牧〔2020〕23号）指出，由于缺乏统一规范要求，各地在推进畜禽粪污资源化利用过程中执行标准不一，资源化利用不当而导致环境污染的现象时有发生。明确要求，畜禽粪污的处理应根据排放去向或利用方式的不同执行相应的标准规范。作为肥料利用应符合《畜禽粪污无害化处理技术规范》《畜禽粪污还田技术规范》《畜禽粪污土地承载力测算技术指南》，向环境排放的，应符合《畜禽养殖业污染物排放标准》和地方有关排放标准，用于农田灌溉的，应符合《农田灌溉水质标准》，为进一步规范畜禽粪污资源化利用提供具体指导。《中华人民共和国标准化法》规定，标准包括国家标准、行业标准、地方标准和团体标准、企业标准。国家标准分为强制性标准、推荐性标准，行业标准、地方标准是推荐性标准。强制性标准必须执行，不符合强制性标准的产品、服务，不得生产、销售、进口或者提供。国家鼓励采用推荐性标准。推荐性国家标准、行业标准、地方标准、团体标准、企业标准的技术要求不得低于强制性国家标准的相关技术要求。

本章筛选出与畜禽粪污资源化利用相关，在畜牧业生产中运用广，可操可操作性强的现行有效相关标准，分为畜禽养殖污染防治技术规范、畜禽粪污处理设施建设规范、畜禽粪污处理技术规范、畜禽粪肥有机肥生产技术规范等几方面进行解读，供参考。

第一节　养殖污染防治技术规范

一、《畜禽粪污监测技术规范》（GB/T 25169—2010）

标准规定了养殖猪、牛、鸡3个畜禽品种的畜禽养殖场和养殖小区开展粪污监测的技术要求，包括背景调查、采样点布设、采样、样品运输、试样制备、样品保存、检测项目及其分析方法、结果表示及质量控制等。标准在背景调查的基础上，用规定的方法在规定的点位上随机采集不同类型（不同生长阶段）的猪、牛、鸡的粪污，按规定的标准进行检测，通过分析，得出养殖场或养殖小区粪污监测报告。监测项目：含水率、有机质、全氮、全磷、全钾、铜、锌、镉、粪大肠菌群和蛔虫卵。通过监测，可以掌握养殖场（小区）投入品使用情况、养殖场（小区）与周边环境相互影响等情况，有利于养殖污染防治和养殖场稳定健康发展。

二、《畜禽粪污农田利用环境影响评价准则》（GB/T 26622—2011）

标准界定了畜禽粪污"无害化处理""畜禽粪污农田利用的环境影响评价""农田粪污承载力指数"的定义。规定了畜禽粪污农田利用对环境影响的评价程序、评价方法、评价报告的编制等内容，给出了撰写《畜禽粪污农田利用环境影响评价工作大纲》《畜禽粪污农田利用环境影响评价报告》的模板。标准可操作性强，对畜禽粪污还田利用具有很强的指导价值。

畜禽粪污对农田利用环境影响的评价因子包括氮、磷、粪大肠菌群、蛔虫卵和铜、锌、铅、铬、砷等重金属。水质评价因子包括化学需氧量、生化需氧量和硝酸盐。评价方法是通过布点，选择代表性地块采集土壤、待施入农田的粪污和水（井水、地表水）样，测定其评价因子，按照规定的公式计算农田粪污承载力指数、水质污染指数、土壤综合污染指数，并进行环境质量分级，编制出畜禽粪污农田利用环境影响评价报告。

标准将农田粪污承载力指数和水质污染指数按最大值分为5级。资料性附录C给出了畜禽粪污农田施肥量计算推荐公式及预期单位面积产量下作物需要吸收的营养元素的量、预期单位面积产量下作物从土壤中吸收的营养元素量（或称土壤供肥量）、畜禽粪污中某种营养元素的含量以及畜禽粪污养分的当季利用率等参数确定方法。给出了小麦、黄瓜、苹果等作物在一定产量水平下形成100kg产量吸收的氮、磷、钾等营养元素的量；不同土壤肥力下作物由施肥创造的产量占总产量的比例；不同土地类别下不同肥水平的土壤全氮含量分级指标；猪、牛、羊、鸡粪污干基的氮、磷、钾养分含量。

三、《畜禽养殖业污染物排放标准》（GB 18596—2001）、《农田水质灌溉标准》（GB 5084—2005）

两项标准均为国家强制标准。GB 18596—2001 规定了不同养殖方式、不同养殖规模条件下养殖所产生的水污染物、恶臭气体的最高允许日均排放浓度、最高允许排水量和畜禽养殖业废渣无害化环境标准。适用于集约化畜禽规模养殖场和养殖区污染物的排放管理及其建设项目环境影响评价、环境保护设施设计、竣工验收、投产后污染物的排放管理。标准适用于存栏：成年奶牛≥ 100 头、肉牛≥ 200 头、猪（25kg 以上）≥ 500 头、蛋鸡≥ 15 000 只、肉鸡≥ 30 000 只的集约化养殖场；存栏：成年奶牛≥ 200 头、肉牛≥ 400 头、猪（25kg 以上）≥ 3 000 头、蛋鸡≥ 100 000 只、肉鸡≥ 200 000 只的集约化畜禽养殖区。

该标准限定的养殖规模标准较高，主要针对大型集约化规模养殖场和养殖区，没有集约化羊场和养殖区。

标准规定了以猪为单位的畜禽养殖量换算比例：1 头猪可以折算为 30 只蛋鸡、60 只肉鸡、3 只羊、0.2 头肉牛、0.1 头奶牛。

2018 年农业农村部办公厅在印发的《畜禽粪污土地承载力测算技术指南》（农办牧〔2018〕1 号）中，提出了猪当量的概念。按存栏量，1 头猪可以折算为 25 只家禽、2.5 只羊、0.3 头肉牛、0.15 头奶牛，与 GB 18596—2001 略有出入。

GB 18596—2001 规定了养殖规模范围内集约化养殖场、养殖区在水冲工艺和干清粪工艺条件下每日最高允许排水量。如表 9-1、表 9-2 所示。

表 9-1　集约化畜禽养殖业水冲粪工艺每日最高允许排水量

种类	猪 [m^3/（百头·d）]		鸡 [m^3/（千只·d）]		牛 [m^3/（百头·d）]	
季节	冬季	夏季	冬季	夏季	冬季	夏季
标准值	2.5	3.5	0.8	1.2	20	30

注：春、秋季废水最高允许排放量按冬夏两季的平均值计算。

表 9-2　集约化畜禽养殖业干清粪工艺每日最高允许排水量

种类	猪 [m^3/（百头·d）]		鸡 [m^3/（千只·d）]		牛 [m^3/（百头·d）]	
季节	冬季	夏季	冬季	夏季	冬季	夏季
标准值	1.2	1.8	0.5	0.7	17	20

注：春、秋季废水最高允许排放量按冬夏两季的平均值计算。

GB 5084—2005 规定了农田灌溉水质要求、监测与分析方法和监督管理要求。未综合利用的畜禽养殖废水进入农田灌溉渠道，其下游最近的灌溉取水点的水质按该标准进行监督管理。农田灌溉水质控制分为基本控制项目和选择控制项目，基本控制项目为必测项目，选择项目由地方生态环境主管部门会同农业农村、水利等主管部门选择执行。

与农田灌溉水质标准相比较，GB 18596—2001 没有限定 pH 值、水温、阴离子表面活性剂、氯化物、硫化物、全盐量、总铅、总镉、铬、总汞、总砷等必测基本控制指标，且除粪大肠菌群数外，限定的悬浮物、五日生化需氧量、化学需氧量、蛔虫卵数等均高于农田灌溉水质标准（表 9-3）。

表 9-3　畜禽养殖业污染物排放标准与农田水质灌溉标准水质基本控制项目限值

控制项目	悬浮物（mg/L）	五日生化需氧量（mg/L）	化学需氧量（mg/L）	氨氮（mg/L）	总磷（以 P 计）（mg/L）	粪大肠菌群数（个 /100mL）	蛔虫卵（个 /L）
畜禽养殖业污染物排放标准（最高允许日均排放浓度标准值）	200	150	400	80	8.0	1 000	2.0
农田灌溉水质标准（水田作物）	≤ 80	≤ 60	≤ 150	—	—	≤ 4 000	≤ 2.0
农田灌溉水质标准（旱地作物）	≤ 100	≤ 100	≤ 200	—	—	≤ 4 000	≤ 2.0
农田灌溉水质标准（蔬菜）	≤ 60ᵃ，15ᵇ	≤ 40ᵃ，15ᵇ	≤ 100ᵃ，60ᵇ	—	—	≤ 2 000ᵃ 1 000ᵇ	≤ 2.0ᵃ 1.0ᵇ

注：ᵃ 加工、烹调及去皮蔬菜；ᵇ 生食类蔬菜、瓜果和草本水果。

农田灌溉水质选择控制项目限值包括：氰化物、氟化物、石油类、挥发酚、总铜、总锌、总镍、硒、硼、苯、甲苯、二甲苯、异丙苯、苯胺、三氯乙醛、丙烯醛、氯苯、1,2- 二氯苯、1,4 二氯苯、硝基苯等 20 项。

第二节　畜禽粪污处理设施建设规范

一、《畜禽场场区设计技术规范》（NY/T 682—2003）

现行推荐行业标准。适用于新建、改建、扩建的舍饲牛、羊、猪、鸡的畜禽场场区总体设计，不适用于以放牧为主的畜禽场场区总体设计。主要规定了畜禽场的场址选择、总平面布置、场区道路、竖向设计和场区绿化的设计技术要求。

（一）养殖场建设选址

《中华人民共和国畜牧法》规定，禁止在生活饮用水的水源保护区，风景名胜区，以及自然保护区的核心区和缓冲区；城镇居民区、文化教育科学研究区等人口集中区域；法律法规规定的其他禁养区域建设畜禽养殖场、养殖小区。2016年，环境保护部办公厅与农业部办公厅联合印发了《畜禽养殖禁养区划定技术指南》，进一步明确，饮用水水源保护区包括饮用水水源一级保护区和二级保护区的陆域范围。其中，饮水水源保护一级保护区内禁止建设养殖场。饮用水水源二级保护区禁止建设有污染物排放的养殖场（注：畜禽粪污、养殖废水、沼渣、沼液等经过无害化处理用作肥料还田，符合法律法规要求以及国家和地方相关标准不造成环境污染的，不属于排放污染物）。自然保护区包括国家级和地方级自然保护区的核心区和缓冲区，按照各级人民政府公布的自然保护区范围执行，自然保护区核心区和缓冲区范围内，禁止建设养殖场。风景名胜区包括国家级和省级风景名胜，以国务院及省级人民政府批准公布的名单为准，范围按照其规划确定的范围执行。其中，风景名胜区的核心景区禁止建设养殖场；其他区域禁止建设有污染物排放的养殖场。城镇居民区和文化教育科学研究区根据城镇现行总体规划，动物防疫条件、卫生防护和环境保护要求等，因地制宜，兼顾城镇发展，科学设置边界范围。边界范围内，禁止建设养殖场。

《畜禽场场区设计技术规范》（NY/T 682—2003）对养殖场选址做了具体距离上的规定：新建畜禽场场址应满足卫生防疫要求，场区距铁路、高速公路、交通干线不小于1 000m，距一般道路不小于500m，距离其他畜牧场、兽医机构、畜禽屠宰厂不小于2 000m，距离居民区不小于3 000m，并且应位于居民区及公共建筑群常年主导风向的下风处。养殖场不应建在受洪水或山洪威胁及泥石流、滑坡等自然灾害多发地带，不应建在自然环境污染严重的地区。

《动物防疫条件审查办法》（中华人民共和国农业农村部令2022年第8号）规定：动物饲养场、动物隔离场所、动物屠宰加工场所以及动物和动物产品无害化处理场所应当符合下列条件：各场所之间，各场所与动物诊疗场所、居民生活区、生活饮用水水源地、学校、医院等公共场所之间保持必要的距离；场区周围建有围墙等隔离设施；场区出入口处设置运输车辆消毒通道或者消毒池，并单独设置人员消毒通道；生产经营区与生活办公区分开，并有隔离设施；生产经营区入口处设置人员更衣消毒室；配备与其生产经营规模相适应的污水、污物处理设施，清洗消毒设施设备，以及必要的防鼠、防鸟、防虫设施设备；生产区清洁道、污染道分设；具有相对独立的动物隔离舍。取消了《动物防疫条件审查办法》（中华人民共和国农业部令 2010 年 第 7 号）中选址距离的有关规定。

（二）饲养密度

饲养密度是反映畜舍内家畜的养殖密集程度，以常用单位面积内饲养的家畜数量来表示。饲养密度不仅与家畜的生产力和健康密切相关，而且会对周边生态环境产生影响。畜舍内饲养密度越大，家畜散发的热量就越多，排出的水汽、粪尿就越多，畜舍内的有害气体、微生物、尘埃数量等同时也会越多，空气卫生差，疫病防控难度大。因为饲养密度越大，家畜的休息时间减少，活动时间增多，个体间相互影响大，争斗行为增多，采食、饮水时间延长，对家畜生长不利。就养殖场外部环境而言，养殖密度加大，养殖数量增加，粪污产生量相对增加，粪污处理和环境污染压力变大。

NY/T 682—2003 给出了各畜禽养殖场在一定饲养规模范围内单位畜禽（每头、只）的场区占地面积估算值（表 9-4）。

表 9-4　畜禽场场区占地面积估算值

场别	饲养规模	占地面积（m²/头或 m²/只）	备注
奶牛场	100～400 头成母牛	160～180	按成年奶牛计
肉牛场	年出栏育肥牛 1 万头	16～20	按年出栏计
种猪场	200～600 头基础母猪	60～80	按基础母猪计
商品猪场	600～3 000 头基础母猪	50～60	按基础母猪计
绵羊场	200～500 只母羊	10～15	按成年种羊计
山羊场	200 只母羊	15～20	按成年母羊计
种鸡场	1 万～5 万只产蛋鸡	0.6～1.0	按种鸡计
蛋鸡场	10 万～20 万只产蛋鸡	0.5～0.8	按种鸡计
肉鸡场	年出栏肉鸡 100 万只	0.2～0.3	按年出栏量计

畜禽适宜的饲养密度有不同的数值，北方与南方不同，农区与牧区不同，散养与舍饲不同，北方畜禽规模养殖场的适宜饲养密度，参见表 9-5 至表 9-7。

表 9-5 畜禽规模养殖场饲养密度参照表　　　　　　　单位：m^2/ 头

项目	奶牛					肉牛			
	成母牛	青年牛	育成牛	犊牛	种公牛	成母牛	青年牛	育成牛	犊牛
畜舍	5～6	4～5	3～4	2～3	6～8	5～6	4～5	3～4	2～3
运动场	25～30	20～25	15～20	8～10	30≤	20～25	15～20	10～15	5～10

表 9-6 畜禽规模养殖场饲养密度参照表　　　　　　单位：m^2/ 头（只）

项目	猪					肉羊			
	种公猪	哺乳母猪	妊娠母猪	育肥猪	生长猪	公羊	基础母羊	育肥羊	小羔羊
畜舍	5～6	5～6	1.5～2	0.5～0.8	0.4～0.6	4～5	1.5	0.8	0.5

表 9-7 畜禽规模养殖场饲养密度参照表　　　　　　　单位：只 /m^2

养殖方式	蛋鸡		肉鸡		
	6～12 周	13～20 周	0～2 周	3～5 周	成年种鸡
平养	10～11	6～8	40～50	20～30	10
笼养	24	14～16			

　　养殖场建设，整个场区的占地面积在符合 NY/T 682—2003 的前提下，应综合考虑养殖场布局，同时兼顾饲养密度。饲养密度也应符合相关标准的规定，养殖量过大，或饲养密度过高，不仅会对养殖收益造成直接影响，如果粪污处理不当还会对养殖场周边环境造成危害，对养殖企业发展不利。

（三）养殖场布局

1. 养殖场总体平面布局

　　可划分为：生活管理区、辅助生产区、生产区和隔离与无害化处理区。生活管理区一般应位于场区全年主导风向的上风处或侧风处地势较高的位置，隔离区则应位于场区全年主导风向的下风处和地势最低的位置。各区之间设置隔离屏障，场区内外应利用围墙等设施隔离。养殖场建设地形图如图 9-1，平面布局如图 9-2 所示。

2. 生活管理区

　　主要配置管理人员办公用房、技术人员业务用房、职工用房、值班室、门禁、消毒室、消毒池、围墙等。围墙距离一般建筑物不应小于 3.5m，距离畜舍不小于 6m。

3. 辅助生产区

根据生产需要配置饲草料贮存加工、水电、仓储等相应的设施设备。

4. 生产区

包括畜舍、运动场、挤奶厅（牛）、孵化厅和蛋库（鸡）、剪毛间和药浴池（牛、羊）、人工授精室（猪、牛、羊）、装车台、地磅等，入口处必须设消毒室，区内净道和污道分设，各畜禽舍间应保留 8 ～ 15m 间距。

5. 隔离与无害化处理区

设置畜禽隔离观察舍、兽医室、病死畜禽和养殖废弃物无害化处理及粪污贮存处理设施。包括与饲养规模相适应的沉淀池、粪污发酵场等，与生产区保持一定距离，并用围墙或绿化带隔开。与生产区有专用道路相通，与场外有专用大门相通。

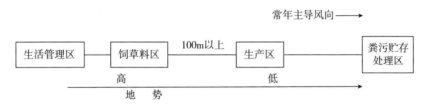

图 9-1　养殖场建设地形示意图

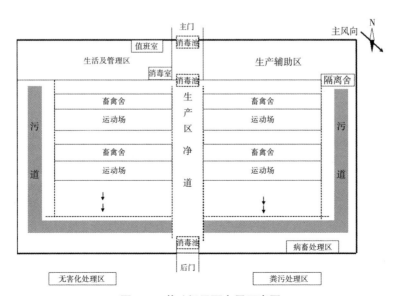

图 9-2　养殖场平面布局示意图

二、《畜禽养殖业污染治理工程技术规范》(HJ 497—2009)

(一) 概述

此项标准为环境标准，适用范围广，实用性强，适用于集约化畜禽养殖场（区）的新建、改建和扩建污染治理工程的设计、施工到验收、运行的全过程管理和已建污染治理工程的运行管理，可作为环境影响评价、设计、施工、环境保护验收及建成后运行与管理的技术依据。

本文件规定了"集约化畜禽养殖场""集约化畜禽养殖区""畜禽粪污""畜禽养殖废水""干清粪工艺""水冲粪工艺""水泡粪工艺""堆肥""腐熟度""恶臭污染物""无害化处理"等术语定义。

本文件中定义的"集约化畜禽养殖场"的养殖规模只规定了存栏，而没有出栏指标，按行业统计和相关文件要求，一般奶牛、生猪、蛋鸡按存栏统计，肉牛、肉羊、肉鸡按出栏统计。文件也没有对集约化羊场作出规定，规模标准与国家和地方相关文件有所差异（表9-8）。

单位：头、只

表9-8 规模养殖场界定统计

项目	生猪 存栏	生猪 出栏	奶牛 存栏	肉牛 存栏	肉牛 出栏	肉羊 存栏	肉羊 出栏	蛋鸡 存栏	蛋鸡 出栏	肉鸡 存栏	肉鸡 出栏
GB 18596 养殖场	≥500		≥100	≥200				≥15 000		≥30 000	
GB 18596 养殖区	≥3 000		≥200	≥400			—	≥100 000		≥200 000	
HJ 497	300		50	100		—	—	鸡 4 000 只			
国家畜禽养殖标准化示范场创建方案（2017）	300	500	300	能繁 50	500	农区能繁 250 牧区能繁 400	农区出栏 500 牧区出栏 1 000	10 000		5 000	100 000
青海省规模养殖场认定管理办法	能繁 100		100	能繁 100		能繁 300		10 000		10 000	
大型规模养殖场（设计规模）		≥2 000	≥1 000		≥200		≥500	≥10 000		≥40 000	
青海	300	500	100	100	50	100	100	10 000		10 000	
江西	300	500	100	100	50	100	100	2 000		10 000	
浙江	200		100	100	50	100	100	2 000		5 000	10 000
内蒙古	500		100	100	100	1 250	500	10 000		10 000	40 000
宁夏	300		200	100		500	500	10 000		10 000	
江苏	200		100	50		500	500	10 000		10 000	
上海	500		100	100		1 250	500	10 000		30 000	
辽宁	500		50	50		200		10 000		10 000	
云南	200		50	50		200		5 000		5 000	
陕西	300		100	100		200		10 000		10 000	
福建	250		100		100		500	10 000			40 000

（续表）

项目	生猪		奶牛	肉牛		肉羊		蛋鸡	肉鸡	
	存栏	出栏	存栏	存栏	出栏	存栏	出栏	存栏	存栏	出栏
广西	200	500	100		100		100	10 000		40 000
西藏		300	100		100		500	5 000		10 000
甘肃		500	100		200		500	10 000		10 000
新疆		500	100		100		500	10 000		40 000
贵州		1 000	100		100		300	10 000		40 000
四川		500	50		100		500	15 000		35 000
湖南		500	100		100		500	10 000		30 000
广东		500	100		100		100	5 000		40 000
湖北		500	200		50		500	10 000		10 000
河南		500	100		200		500	10 000		40 000
山东		500	100		100		100	2 000		40 000
安徽		500	100		50		500	10 000		10 000
黑龙江		500	100		100		300	10 000		40 000
山西		500	100		50		500	10 000		40 000
河北		500	100		100		100	10 000		40 000
海南		500	100	100	100					40 000
吉林		300	50	100	50			2 000		5 000

注：1. GB 18 596 猪指 25kg 以上生猪，奶牛为成年；

2. 大型规模养殖场数据来源于各省数据来源于农业农村部与环境保护部《畜禽养殖废弃物资源化利用工作考核办法（试行）》（农牧发〔2018〕4号）；

3. 各省份数据来源于《农业农村部办公厅关于做好畜禽粪污资源化利用跟踪监测工作的通知》（农办牧[2018]28号）。

（二）内容摘要

1. 污染物与污染负荷

文件给出了集约化猪、肉牛、奶牛、蛋鸡畜禽养殖场采用水冲粪或干清粪工艺条件下，废水中 CODcr、NH₃–N、TN、TP 和 pH 值的参考值以及不同畜禽粪污日排泄量（标准资料性附录附录 A）。

不同畜禽粪污日排泄量与《畜禽粪污贮存设施设计要求》（GB/T 27622—2011）中每动物单位的动物日产粪污量计算方法不同，使用对象不同，数据不同（表 9–9）。

表 9–9　不同畜禽粪污日排泄量

项目	单位	牛	猪	鸡
粪	kg/（只·d）	20.0	2.0	0.12
	kg/（只·d）	7 300.0	398.0	25.2
尿	kg/（只·d）	10.0	3.3	—
	kg/（只·d）	3 650.0	656.7	—
饲养周期	d	365	199	210

注：《畜禽养殖业污染治理工程技术规范》（HJ 497—2009）附录 A。

2. 总体设计规定

（1）畜禽养殖场环境质量及卫生控制应符合 NY/T 1167 的规定。NY/T 1167 即《畜禽场环境质量及卫生控制规范》，规定了畜禽场生态环境（温度、湿度、风速、照度、噪声、细菌和微生物）、空气环境（畜舍内氨气、硫化氢、二氧化碳、恶臭、总悬浮颗粒物、可吸入颗粒物等）、土壤环境（重金属、细菌总数、大肠杆菌等）、饮用水（自来水、井水、地表水）质量及卫生指标和相应的畜禽场质量及卫生控制措施。规定畜禽养殖场环境质量、环境影响评价按照《畜禽场环境质量评价准则》（GB/T 19525.2）的要求执行。

（2）文件对畜禽粪污资源化还田利用的无害化处理作出了明确限定：液态畜禽粪污宜采用厌氧工艺进行无害化处理；固体畜禽粪污宜采用好氧堆肥技术进行无害化处理；无害化处理后的卫生学指标应符合 GB 7959 粪污无害化卫生指标。

文件还规定，还田的粪肥用量不能超过作物当年生长所需要的养分量。在确定粪肥最佳施用量时，应对土壤肥力和粪肥肥效进行测试评价，并符合当地环境容量要求。即施肥不能过量，不能形成富营养化，不能污染环境。养殖场应有充足的粪污可消纳土地，养殖废水不得排入敏感水域和有特殊功能的水域，排放去向应符合国家和地方的有关规定，排放水质应满足《畜禽养殖业污染物排放标准》（GB 18596）或有关地方污染物排放标准的规定，用于农田灌溉的水质应满足《农田灌溉水质标准》（GB 5084）的规定。

3. 粪污处理工艺

粪污收集与贮存。推荐采用干清粪工艺，规定采用水冲粪、水泡粪清粪工艺的养殖场，应逐步改为干清粪工艺。畜禽粪污应日产日清，养殖场应建立排水系统，并实行雨污分流。贮存池的位置选择应满足 HJ/T 81—2001 第 5.2 条的规定，即：贮存设施的位置必须远离各类功能地表水体（距离不得小于 400m）。"功能地表水"在 GB 3833（地表水环境质量标准）分为 5 类：Ⅰ类 主要适用于源头水、国家自然保护区；Ⅱ类 主要适用于集中式生活饮用水地表水源一级保护区、珍稀水生生物栖息地、鱼虾类产卵场、仔稚幼鱼的索饵场等；Ⅲ类 主要适用于集中式生活饮用水地表水源二级保护区、鱼虾类越冬场、洄游通道、水产养殖区等渔业水域及游泳区；Ⅳ类主要适用于一般工业用水区及人体非直接接触的娱乐用水区；Ⅴ类主要适用于农业用水区及一般景观要求水域。对应地表水上述五类水域功能，将地表水环境质量标准基本项目标准值分为 5 类，不同功能类别分别执行相应类别的标准值。水域功能类别高的标准值严于水域功能低的标准值。同地水域兼有多类使用功能的，执行最高功能类别对应的标准值。

贮存池的总有效容积应根据贮存期确定，种养结合的养殖场，贮存池的贮存期不得低于当地农作物生产用肥的最大间隔时间和冬季封冻期或雨季最长降雨期，一般不得小于 30d 的排放总量。贮存池应具有防渗漏功能，应配备防止雨水进入的措施，宜配置排污泵。

HJ 497—2009 列举出了 2 种养殖规模在存栏（以猪计）2 000 头及以下，1 种 10 000 头及以上的集约化养殖场粪污处理的选择工艺。但没有可参考的 2 000～10 000 头的工艺模式。同时，缺少不用沼气或不用进行固液分离的粪污处理模式，具有一定局限性。

HJ 497—2009 从预处理、厌氧生物处理、好氧生物处理、自然处理、消毒等方面对养殖场废水处理进行了规定。

固体粪污宜采用好氧堆肥技术进行无害化处理。用来堆肥的粪污的初始含水率 40%～60%，碳氮比应为（20～30）:1；pH 值控制在 6.5～8.5。好氧发酵过程应符合下列要求：温度控制在 55～65℃，且持续时间不少于 5d，最高温度不宜高于 75℃；氧气浓度不宜低于 10%。发酵结束时，堆肥碳氮比不大于 20:1，含水率为 20%～35%，符合 GB 7959（粪污无害化卫生要求）的规定，耗氧速率趋于稳定，腐熟度应大于等级Ⅳ。堆肥产品存放时含水率不超过 30%，袋装时含水率不应高于 20%，含盐量应为 1%～2%，成品堆肥应为茶褐色或黑褐色、无恶臭、质地松散，具有泥土气味。

养殖场应通过控制饲养密度、加强舍内通风、节水、及时清粪、绿化等措施抑制或减少臭气的产生。

三、《畜禽粪污贮存设施设计要求》（GB/T 27622—2011）

（一）建设位置

文件适用于畜禽场固体粪污贮存设施的设计。文件规定：畜禽粪污贮存设施要与主要生产设施保持100m以上的距离。

（二）技术参数要求

1. 容积

贮存设施的容积为贮存期内粪污的产生总量。即贮存期内存放粪污的总量。按下面的公式计算。

$$S = \frac{N \cdot Q_w \cdot D}{P_M}$$

式中：

S 为容积；

N 为动物单位的数量；

Q_w 为每动物单位的动物每日产生的粪污量，其值参见表1，单位为千克/日（kg/d）；

D 为贮存时间。单位：日（d）；

P_M 为粪污密度，其值参见表9–10，单位为千克/米^3（kg/m^3）；

动物单位：指每1 000kg活体重为1个动物单位。

每动物单位的动物日产粪污量及粪污密度见表9–10。

表 9–10　每动物单位的动物日产粪污量及粪污密度

参数	单位	奶牛	肉牛	猪	绵羊	山羊	蛋鸡	肉鸡
鲜粪	kg	86	58	84	40	41	64	85
粪污密度	kg/m^3	990	1 000	990	1 000	1 000	970	1 000

2. 建设要求

为便于建设、贮存、清除等，畜禽粪污贮存设施宜为地上建筑，应满足"防雨、防渗、防溢"要求，地面向开口方向倾斜，能够使污水排出，且排出的污水应集中收集，避免与雨水混合。粪污清除宜有专门通道，不宜与生产区、生活区交叉。

（三）讨论

（1）贮粪设施的容积以养殖场的设计养殖量、粪污产生量和粪污贮存发酵时间、周转时间等要求进行核算建设，较设计容积大为宜。

（2）养殖场粪污处理应统筹规划，系统化设计，总体上符合防疫、无害、无污染、绿色、环境友好的原则。

四、《畜禽养殖污水贮存设施设计要求》（GB/T 26624—2011）

（一）概念

畜禽养殖污水在本文件中指冲洗系统运行后产生的液体废弃物，其中包括粪污残渣、尿液、散落的饲料，以及畜禽毛发和皮屑等。

（二）技术参数要求

1. 容积

畜禽养殖污水贮存设施容积为养殖污水体积、降雨体积、预留体积之和。

污水体积为存栏动物数量与该动物每天最高允许排水量与污水贮存时间之积；降雨体积按 25 年来该设施每天能够收集的最大雨水量（m³/d）与平均降雨持续时间（d）进行计算；预留体积宜预留 0.9m 高的空间。

2. 建设要求

污水贮存设施的建设位置与畜禽粪污贮存设施，应满足防疫和防渗、防溢要求，尽可能避免与雨水混合，不与生产区、生活区交叉。地下污水贮存设施周围应设置导流渠，防止径流、雨水进入贮存设施内，地上污水贮存设施应设有自动溢流管道；进水管道直径不能小于 300mm；每 2 周检查 1 次，防止泄漏和溢流。实例如图 9-3、图 9-4 所示。

（三）讨论

畜禽养殖污水贮存设施以贮存畜禽舍内污水为主，养殖场应整体设计雨水收集分流系统，尽可能做好雨污分流。特别是有运动场的牛、羊养殖场，应考虑雨后混入的污水储存、排放问题。

图9-3　青海互助八眉猪繁育场污水　　图9-4　青海泰和源农牧科技有限公司污水
　　　　处理设施　　　　　　　　　　　　　　处理设施

第三节　畜禽粪污无害化处理技术规范

一、《畜禽粪污安全使用准则》（NY/T 1334—2007）、《畜禽粪污还田技术规范》（GB/T 25246—2010）

两项标准内容几乎一致，国家标准中结构略微调整，同时删除了行业标准中畜禽粪污干基的养分含量参考值。

文件定义，畜禽粪污安全使用指畜禽粪污作为肥料使用，应使农产品产量、质量和周边环境没有危险，不受到威胁。畜禽粪肥施于农田，其卫生学指标、重金属含量、施肥用量及注意要点应达到标准提出的要求。

文件规定，畜禽粪污施用于农田前，应进行处理，且充分腐熟并杀死病原菌、虫卵和杂草种子。

制作堆肥以及以畜禽粪污原料制成的商品有机肥、生物有机肥、有机复混肥以及沼渣，其卫生学指标应符合卫生学要求：蛔虫卵死亡率达到95%～100%，粪大肠菌值 10^{-2}～10^{-1}，堆肥中及堆肥周围没有活的蛆、蛹或新羽化的成蝇。

沼液、沼渣的卫生学要求：蛔虫卵沉降率达到95%以上，在使用的沼液中不应有活的血吸虫卵和钩虫卵，粪大肠菌值 10^{-2}～10^{-1}，沼液中无孑孓，池的周边没有活的蛆、蛹或新羽化的成蝇。

文件规定了施用于不同pH值土壤种植旱田作物、水稻、果树和蔬菜时，制作肥料的畜禽粪污中重金属（砷、铜、锌）含量限值。标准还规定了粪肥作为基肥、追肥的施用方法和施用量及粪肥的采样等。

还田限量：以地定产、以产定肥。小麦、玉米、果园和菜地畜禽粪污的使用限量如表 9–11、表 9–12 所示。

表 9–11 小麦、玉米每茬猪粪使用量　　　　　　　单位：t/hm²

农田本底肥力水平	I	II	III
小麦和玉米田施用限量	19	16	14

表 9–12 小麦、玉米每茬猪粪使用量　　　　　　　单位：t/hm²

果蔬种类	苹果	梨	黄瓜	番茄	茄子	青椒	大白菜
施用限量	20	23	23	35	30	30	16

注：以上限值均指在不施用化肥的情况下，以干物质计算的猪粪肥料的使用量。如果施用牛粪、鸡粪、羊粪等肥料，可根据猪粪换算，换算系数为：牛粪 0.8，鸡粪 1.6，羊粪 1.0。

NY/T 1334—2007 中给出的畜禽粪污养分含量参考值如表 9–13 所示。

表 9–13 畜禽粪污干基的养分含量表　　　　　　　单位：%

粪污种类	氮	磷	钾
猪粪	1.0	0.9	1.12
牛粪	0.8	0.43	0.95
羊粪	1.2	0.5	1.32
鸡粪	1.6	0.93	1.61

标准的附录 A（资料性附录）给出了畜禽粪肥施肥量计算的推荐公式及相应参数确定的方法。两种计算方法如下。

第一种：在有田间试验和土肥分析化验条件下的施肥量，计算公式如下。

$$N = \frac{A-S}{d \times r} \times f$$

式中：

N（t/hm²）为一定土壤肥力和单位面积作物预期产量下需要投入的某种畜禽粪污的量；

A（t/hm²）为预期单位面积产量下作物需要吸收的营养元素的量；

$$A = y \times a \times 10^{-2}$$

y（t/hm²）为预期单位面积产量。

a（kg）为作物形成 100kg 产量吸收的营养元素的量。以当地农业管理和科研部门公布的数据为准。标准也给出了小麦、苹果、梨、黄瓜、番茄、茄子、青椒和大白菜等主要作物的 a 值参照表。

S（t/hm^2）为预期单位面积产量下作物从土壤中吸收的营养元素（土壤供肥量）。

$$S = 2.25 \times 10^{-3} \times c \times t$$

2.25×10^{-3} 为土壤养分换算系数；

c 为土壤中某种营养元素以 mg/kg 为计的测定值；

t 为土壤养分校正系数。可实际测定或根据当地科研部门公布的数据进行计算。

d（%）为畜禽粪污中某种营养元素的含量；

r（%）为畜禽粪污的当季利用率。一般数值为 25%～30%，可在此范围内选取或通过田间试验确定。

f（%）为当地农业生产中，施于农田中的畜禽粪污的养分含量占施肥总量的比例。

第二种：不具备田间试验和土肥分析化验条件下的施肥量，计算公式如下。

$$N = \frac{A \times p}{d \times r} \times f$$

式中：

p（%）：由施肥创造的产量占总产量的比例，可参照表 9-14、表 9-15。

表 9-14　不同土壤肥力下作物由施肥创造的产量占总产量的比例（p）

项目	土壤肥力		
	I	II	III
p	30%～40%	40%～50%	50%～60%

表 9-15　不同土壤肥力下作物由施肥创造的产量占总产量的比例（p）

项目		不同肥力水平的土壤全氮含量		
		I	II	III
	旱地	> 1.0	0.8～1.0	< 0.8
土地类别	菜地	> 1.2	1.0～1.2	< 1.0
	果园	> 1.0	0.8～1.0	< 0.8

二、《畜禽粪污无害化处理技术规范》（GB/T 36195—2018）、《畜禽粪污无害化处理技术规范》（NY/T 1168—2006）

两项标准，一个为国家标准，一个为行业标准，均为现行有效。名称完全相同，但英文翻译略有不同，标准内容也有所差异。因为标准制定发布实施时间不同，因此两者规范性引用文件不同，有较大差别，国标引用了更多新发布实施的标准。在术语和定义上，行标不仅定义了"无害化处理"，还定义了"粪污""规模化养殖场""养殖小区""畜禽粪污处理场""堆肥""厌氧消化"等术语。两项标准对畜禽粪污的处理原则或基本要求相似，畜禽粪污处理场的建设选址除国家相关法律规定的相同之外，两项标准另有较大出入。NY/T 1168—2006 规定，在禁养区域附近建设畜禽粪污处理设施和单独建设的畜禽粪污处理场，场界与禁养区域边界的最小距离不得小于 500m。GB/T36195—2018 规定，在禁建区域附近建设畜禽粪污处理场，场界与禁建区域边界的最小距离不应小于 3km。显而易见，国标要严格得多。国标中还规定了集中建立的畜禽粪污处理场与畜禽养殖区域的最小距离应大于 2km。两项标准规定的"畜禽粪污处理场地"或"畜禽粪污贮存设施位置"距离地表功能水体（地表水体）400m 以上的标准相同。行标还规定了设置在畜禽养殖区域内的粪污处理设施与主要生产设施之间的距离要保持在 100m 以上，这与 GB/T 27622—2011（畜禽粪污贮存设施设计要求）的规定一致，而 GB/T 36195–2018 没有此项规定。

两项标准对固态和液态粪污的收集、贮存和运输作了具体规定，粪污处理的要求基本一致，固体粪污好氧堆肥无害化处理，堆体发酵温度维持 45℃以上不少于 14d，维持 50℃以上不少于 7d。蛔虫卵死亡率 ≥95%，粪大肠菌群数 ≤ 10^5 个/kg，堆体周围不应有活的蛆、蛹或新羽化的成蝇。液体粪污厌氧处理条件下，卫生学要求蛔虫卵死亡率 ≥95%，常温沼气发酵粪大肠菌群数 ≤ 10^5 个/L，粪液中和贮粪池周围不应有活的蛆、蛹或新羽化的成蝇。GB/T 36195—2018 规定在使用粪液中不应检出活的钩虫卵，而 NY/T 1168—2006 则规定在使用粪液中不应检出活的血吸虫卵。

GB/T 36195—2018 还规定液态粪污厌氧常温发酵水停留时间不应少于 30d，中温不应少于 7d，高温（53±2）℃不应少于 2d。

三、《畜禽粪污堆肥技术规范》（NY/T 3442—2019）

文件规定了畜禽粪污堆粪的场地要求、堆肥工艺、设施设备、堆肥质量评价和检测方法，适用于规模化养殖场和集中处理中心的畜禽粪污及养殖垫料堆肥。

场地要求

畜禽粪污堆肥场址选择及布局应符合 GB/T 36195 畜禽粪污无害化处理技术规范的规定，粪污等主要堆肥原料存放时间不宜超过 1d。

1. 物料预处理

即将畜禽粪污和辅料混合均匀，含水率宜为 45%～65%，碳氮比（C/N）为（20～40）:1，粒径不大于 5cm，pH 值为 5.5～9.0。堆肥过程中可添加有机物料腐熟剂，接种量宜为堆肥物料质量的 0.1%～0.2%，腐熟剂应获得管理部门产品登记。

2. 一次发酵

通过曝气或翻堆，使堆体温度达到 55℃以上，条垛式堆肥维持时间不得少于 15d、槽式堆肥时间不少于 7d，反应器堆肥维持时间不少于 5d，堆体温度高于 65℃时，应通过翻堆、搅拌、曝气降低温度。堆体内部氧气浓度宜不小于 5%。条垛式堆肥和槽式堆肥的翻堆次数宜为每天 1 次。标准的此项规定与 GB/T 36195 和 NY/T 1168 相比，畜禽粪污堆肥要求的温度、发酵时间有很大不同。

3. 二次发酵

堆肥产物作为商品有机肥或栽培基质时应进行二次发酵，堆体温度接近环境温度时终止发酵。

文件规定了通过工艺优化、微生物处理、收集处理等进行臭气控制的方法。规定了畜禽粪污堆肥的设备要求，堆肥最终产物的质量要求及其检测方法。堆肥产物质量要求见表 9–16。

表 9–16 堆肥产物质量要求

项目	指标
有机质含量（以干基计），%	≥ 30
水分含量，%	≤ 45
种子发芽指数，%	≥ 70
蛔虫卵死亡率，%	≥ 95

（续表）

项目	指标
粪大肠菌群数，个/g	≤ 100
总砷（以干基计），mg/kg	≤ 15
总汞（以干基计），mg/kg	≤ 2
总铅（以干基计），mg/kg	≤ 50
总镉（以干基计），mg/kg	≤ 3
总铬（以干基计），mg/kg	≤ 150

标准附录 A（规范性附录）规定了堆体温度测定方法，附录 B（规范性附录）规定了酸碱度的测定方法。

第四节　有机肥标准

农业有机肥标准是规范有机肥市场、促进有机肥产业健康发展的重要保障。

广义上，有机肥俗称农家肥，是以各种动物、植物残体或代谢物组成，如人畜粪污、秸秆、动物残体、屠宰场废弃物等。还包括各种饼肥、堆肥、沤肥、厩肥、绿肥、沼肥等，主要以提供有机物质来改善土壤理化性能，促进植物生长及土壤生态系统的循环。

狭义上，有机肥专指以各种动物废弃物（动物粪污、动物加工废弃物）和植物残体（饼肥类、作物秸秆、落叶、枯枝、草炭等），采用物理、化学、生物或三者兼有的处理技术，经过一定的加工工艺（包括但不限于堆制、高温、厌氧等），消除其中的有害物质（病原菌、病虫卵害、杂草种子等）达到无害化标准而形成的符合国家相关标准及法律法规的一类肥料。有机肥中不仅含有植物生长必需的常量元素、微量元素，还含有丰富的有机养分，是最全面的肥料。

一、《有机肥料》（NY/T525—2021）

（一）新旧版本文件主要技术变化

《有机肥料》NY/T 525-2021 是新修订标准，替代旧的《有机肥料》

（NY525-2012），于2021年5月初批准发布，2021年6月1日起实施，为第二次修订。文件规定了有机肥料的范围、术语和定义、要求、检验规则、包装、标识、运输和贮存，适用于以畜禽粪污、秸秆等有机废弃物为原料，经发酵腐熟后制成的商品化有机肥料。不适用于绿肥，以及农家肥和其他自积自造的有机肥。新旧版本相比除了结构调整和编辑性改动外，主要技术变化如下：取消了强制性条款的规定；修改了标准的适用范围；增加了"腐熟度"和"种子发芽指数"的术语和定义；增加了生产原料分类管理目录及评估类原料安全性评价要求；删除了对产品颜色的要求；修改了有机质的质量分数及其计算方法；修改了总养分的质量分数及其测定方法；增加了种子发芽指数的限定及其测定方法；增加了机械杂质的质量分数的限定及其测定方法；修改了检验规则；修改了包装标识要求，增加了对主要原料名称、氯离子的质量分数等的标识要求；增加了杂草种子活性的测定方法。

（二）内容解读

现修订文件《有机肥料》（NY/T 525-2021）为推荐性标准，而原文件《有机肥料》（NY 525-2012）是强制性标准，其第4章中的4.2（技术指标）、4.3（重金属限量指标）、4.4（蛔虫卵死亡率）、第6章（检测规则）、第7章中的7.1（袋子材料及重量规定）和7.2（袋子外包装标识）为强制性条款（必须执行或者必须符合）已取消。

增加了"腐熟度"和"种子发芽指数"的术语和定义，并用"种子发芽指数"的检测指标用以评价有机肥的腐熟度（指数≥70%）。有利于防止没有腐熟或没有完全腐熟的有机肥原料进入市场，产生危害。

文件规定，有机肥生产原料应遵循"安全、卫生、稳定、有效"的基本原则。优先选用

适用类原料一是种植业废弃物，包括：谷、麦、薯类作物秸秆、豆类作物秸秆、油料作物秸秆、园艺及其他作物秸秆、林草废弃物等；二是养殖废弃物，包括：畜禽粪尿及畜禽圈舍垫料（植物类）、废饲料；三是加工业废弃物，包括：麸皮、菜籽饼、大豆饼、油葵饼、棉籽饼等种植业加工过程中的副产物；四是天然原料，主要是草炭、泥炭、含腐殖酸的褐煤等。禁止选用粉煤灰、钢渣、污泥、生活垃圾（经分类陈化后的厨余废弃物除外）、含有外来入侵物种物料和法律法规禁止的物料等存在安全隐患的禁用类原料；采用附录B中的评估类原料，如植物源性中药渣、经分类陈化后的厨余废弃物、骨胶提取后剩余的骨粉、蚯蚓类、食品及饮料加工有机废弃物、糠醛渣、水产养殖废弃物、沼渣/沼液（限种植业、养殖业、食品及饮料加工业）生产有机肥料，须

进行安全评估，并通过安全性评价后才能用于有机肥料生产。

（三）有机肥产品要求

产品外观均匀，粉状或颗粒状，无恶臭。目视、鼻嗅测定。技术指标见表 9-17。

表 9-17　有机肥料技术指标要求

项目	指标
有机质的质量分数（以烘干基计），%	≥ 30
总养分（N+P$_2$O$_5$+K$_2$O）的质量分数（以烘干基计），%	≥ 4.00
水分（鲜样）的质量分数，%	≤ 30
酸碱度（pH）	5.5 ～ 8.5
种子发芽指数（GI），%	≥ 70
机械杂质的质量分数，%	≤ 0.5

限量指标：总砷（As）、总汞(Hg)、总铅（Pb）、总镉（Cd）、总铬（Cr）、粪大肠菌群数、蛔虫卵死亡率，同 NY/T 3442—2019"堆肥产物质量要求"一致。

文件规定了有机肥料的检验规则和包装、标识、运输、储存等。附录 A（规范性）规定了有机肥料生产原料适用类目录，附录 B（规范性）规定了评估类原料安全性评价要求，附录 C（规范性）规定了有机质含量测定（重铬酸钾容量法），附录 D（规范性）规定了总养分含量测定，附录 E（规范性）规定了酸碱度的测定（pH 计法），附录 F（规范性）规定了种子发芽指数（*GI*）的测定，附录 G（规范性）规定了机械杂质的质量分数的测定，附录 H（规范性）规定了杂草种子活性的测定。

二、《生物有机肥》（NY 884—2012）

生物有机肥指特定功能微生物与主要以动植物残体（畜禽粪污和农作物秸秆等）为来源并经无害化处理、腐熟的有机物料复合而成的一类兼具微生物肥料和有机肥效应的肥料。

生物有机肥明确规定了有效活菌数值 ≥ 0.20 亿个 /g，有机质要求高于堆肥标准，要求 ≥ 40.0%，有效期不低于 6 个月。重金属限值、水分、pH、粪大肠菌群数、蛔虫卵死亡率等同有机肥料技术指标要求一致。

标准规定了生物有机肥合格与否的判定标准。产品全部技术指标符合标准要求或在产品的外观、pH、水分的检测项目中，有 1 项不符合标准要求，而产品其他各项指标符合标准要求的判定为合格。有效活菌数量、有机质含量、粪大肠菌群、蛔虫卵死亡率及重金属中任何一项不符合标准规定，产品的外观、pH、水分的检测项目中有 2 项不符合标准要求，均判定为不合格。

第十章　养殖场养殖档案建设与管理

第一节　建立养殖档案的重要性

一、建立养殖档案是国家法律规定

2022 年新修订公布的《中华人民共和国畜牧法》第四十一条规定，畜禽养殖场应当建立养殖档案，载明以下内容：畜禽的品种、数量、繁殖记录、标识情况、来源和进出场日期；饲料、饲料添加剂、兽药等投入品的来源、名称、使用对象、时间和用量；检疫、免疫、消毒情况；畜禽发病、死亡和无害化处理情况；畜禽粪污收集、储存、无害化处理和资源化利用情况；国务院农业农村主管部门规定的其他内容。违反本法规定，兴办畜禽养殖场未备案，畜禽养殖场未建立养殖档案或者未按照规定保存养殖档案的，由县级以上地方人民政府农业农村主管部门责令限期改正，可以处一万元以下罚款（第八十六条）。

2006 年 6 月 26 日，农业部根据 2005 年颁布的《中华人民共和国畜牧法》，制定并发布了《畜禽标识和养殖档案管理办法》（现行有效），规定：农业部负责全国畜禽标识和养殖档案的监督管理工作，县级以上地方人民政府畜牧兽医行政主管部门负责本行政区域内畜禽标识和养殖档案的监督管理工作（第四条）；畜禽养殖场应当建立养殖档案（第十八条）；县级动物疫病预防控制机构应当建立畜禽防疫档案（第十九条）；饲养种畜应当建立个体养殖档案，注明标识编码、性别、出生日期、父系和母系品种类型、母本的标识编码等信息。种畜调运时应当在个体养殖档案上注明调出和调入地，种畜个体养殖档案应当随同调运（第二十一条）；畜禽养殖场养殖档案及种畜个体养殖档案格式由农业部统一制定（第二十四条）。

建立规范完整的养殖档案是实现标准化、信息化、智能化养殖的必要条件，是养殖主体的法定职责，因此，各相关责任主体应高度重视养殖场养殖档案建设工作，按照相关法律法规要求建立完整、规范、详实的养殖档案。

二、养殖档案是提高生产效率和经济效益的数据支撑

养殖档案是规模养殖场对畜禽生产活动从生产到出售全过程的记录，是畜禽养殖场畜禽生产数量变化、疫病防控情况、各种投入品使用情况、废弃物无害化处理等生产行为的翔实反映。通过生产记录等可以清楚掌握养殖场畜群周转、健康状况，快速分析生产数据，通过种畜谱系资料，可以分析种畜遗传育种性能，淘汰生产性能低下的个体，进而进行选种选配，提高群体生产性能；养殖档案是实现畜禽产品质量可追溯体系的一项基础性工作，是预防重大动物疫病的发生，维护公共卫生安全及提高畜产品质量安全水平而建立的一项基本制度。通过饲料、饲料添加剂和兽药使用记录，能够清楚掌握供应厂家产品质量和商业信誉，对问题产品进行质量追溯，及时更换投入品，调控养殖成本；通过做好畜禽防疫、免疫、诊疗和病死畜无害化处理记录等，可以及时开展疫病溯源，有效避免重大动物疫病发生，减少养殖损失。近年来，随着养殖场规模的扩大，养殖废弃物处理和资源化利用成为制约养殖场发展和环境保护的关键因素，通过建立养殖场粪污资源化利用档案，能够清楚掌握养殖场粪污的产生和排放情况，有利于畜禽粪污还田利用。养殖场养殖档案已成为现代养殖企业提高生产管理水平的必要手段，规范建立和充分运用养殖档案，对全面提高养殖场生产效率和经济效益具有不可替代的作用，对促进种养结合、绿色有机畜牧业发展具有积极意义。

三、养殖档案是指导养殖场生产行为的重要依据

也是动物卫生监管部门对其是否规范其养殖行为、落实相关动物防疫监管的重要依据。养殖场建立规范的养殖档案成为法律规定，成为相关主管部门和养殖主体的法定职责，成为"有法必依"的强制行为，因而对养殖场生产行为具有决定性影响。但是，目前许多地方在养殖档案建设和管理中仍普遍存在监管部门和养殖场重视程度不足、养殖档案质量不高、保存年限达不到要求、监管机制不够健全、执法不严等突出问题，养殖档案在实际生产中没有发挥应有作用。

第二节　畜禽养殖档案建设内容

一、养殖场养殖档案

2007 年农业部根据《中华人民共和国畜牧法》《中华人民共和国动物防疫法》和《畜禽标识和养殖档案管理办法》的有关规定，下发了《农业部关于加强畜禽养殖管理的通知》，提出要做好畜禽养殖场和养殖小区备案工作，各级畜牧兽医行政主管部门要督促和指导畜禽养殖场依法建立科学、规范的养殖档案，准确填写有关信息，做好档案保存工作，以备查验。要加强种畜个体的管理，建立种畜个体养殖档案，详细注明有关信息，种畜调运时个体档案应当随同调运。各地办理种畜禽生产经营许可证时应当依法查验种畜个体养殖档案。养殖场养殖档案包括：畜禽养殖场平面图，畜禽养殖场免疫程序，生产记录，饲料、饲料添加剂和兽药使用记录，消毒记录，免疫记录，诊疗记录，防疫监测记录和病死畜禽无害化处理记录。种畜个体养殖档案包括标识编码和种畜调运记录两部分。

二、畜禽粪污资源化利用台账

2021 年，《农业农村部办公厅 生态环境部办公厅关于加强畜禽粪污资源化利用计划和台账管理的通知》明确要求，各地生态环境部门、农业农村部门要督促指导规模养殖场制定年度畜禽粪污资源化利用计划，内容包括养殖品种、规模以及畜禽养殖废弃物的产生、排放和综合利用等情况。各地农业农村部门要指导畜禽规模养殖场将畜禽粪污资源化利用情况作为养殖档案的重要内容，建立畜禽粪污资源化利用台账，及时准确记录有关信息，确保畜禽粪污去向可追溯。配套土地面积不足无法就地就近还田的规模养殖场，应委托第三方代为实现粪污资源化利用，并及时准确记录有关信息。鼓励有条件的地区结合地方实际，逐步推行规模以下养殖场（户）畜禽粪污资源化利用计划和台账管理。强化日常管理，各地农业农村部门要加强对畜禽养殖场（户）的指导，生态环境部门要加强对畜禽养殖场（户）的监督，把畜禽粪污资源化利用计划和台账作为技术指导、执法监管的重要依据。养殖场（户）畜禽粪污去向不明的，视为未利用。畜禽养殖场（户）粪污资源化利用计划（农业农村部参考模板）、畜禽养殖场（户）粪污资源化利用台账（农业农村部参考模板）见第四节养殖档案。

三、各地养殖档案和畜禽粪污资源化利用台账建设情况

农业部制定下发的养殖场养殖档案和种畜个体养殖档案年限已久，不能很好地适应规模养殖发展需要，各地根据实际情况，在农业部养殖档案基础上不断丰富创新，制定出了新的养殖档案，探索出了电子养殖档案。如青海省畜禽养殖场养殖档案中曾增加有"引种隔离记录""畜群周转记录""销售检疫记录""牛羊繁殖记录""牛羊幼畜生长发育测定记录""母猪繁殖记录""蛋鸡生产记录""獭兔生产记录"等，2018年制定了"青海省养殖场粪污资源化利用台账""青海省规模以下养殖场户粪污资源化利用台账"，对促进养殖场标准化建设和畜禽粪污资源化利用发挥了积极作用。

第三节　畜禽养殖档案建设要求

一、养殖档案应完整、规范

做到档案齐全，内容完整。养殖档案记录内容符合法律规定，不能缺失。记录要求规范，档案页面干净整洁，能够全面存储原始信息，与畜禽养殖相关文件用语要严谨规范，记录书写清晰。例如，免疫记录应当与生产工艺一致，重点记录免疫时间和疫苗的生产厂家、批号、免疫方法等详细信息，必要时还要保留包装盒等佐证材料，以及加强未免疫动物记录等。畜禽粪污资源化利用台账除了应记录清楚粪污产生量、利用量，粪污处理工艺和处理设施等基础信息之外，档案中还应有还田利用的土地承包、流转证明，粪污资源化利用协议等。

二、档案记录应真实、有效

畜禽养殖档案应当在保证档案完整的基础上做到真实，要求记录人员加强档案信息的核对，尽可能地收集除纸质档案外有存储必要的影像资料等。养殖档案应由专业技术人员整理，重点判断每份材料的重要性与价值，按照生产特点进行整理，切实保证档案信息的系统性和完整性，这样才能发挥其使用价值，既满足相关部门的监督检查需要，也可以用于全面梳理养殖工作。档案记

录应有签字，在收集整理档案时不能预估，更不能依记忆补充档案，记录如有任何修改都必须备注，在修改处填写负责人姓名及修改原因。所有档案都应有固定的格式，而且还要有必要的档案审核记录等，确保养殖档案真实有效。

三、养殖档案应妥善保管

畜禽档案有严格的保管期限要求。养殖档案和防疫档案保存时间：商品猪、禽为 2 年，牛为 20 年，羊为 10 年，种畜禽长期保存。要做好档案信息的长期保管工作，定期检查整理档案，在档案销毁时留存相关手续，按照相关流程依法处置超过时限档案，从而保证畜禽养殖档案有效保存。

四、加强日常培训和监管

农业农村行政主管部门应当充分认识到畜禽档案管理的重要意义，在日常工作中肩负起养殖档案的监管责任。第一，加强养殖场调研，明晰档案管理现状，查找养殖档案管理过程中存在的具体问题，总结经验，科学指导养殖场档案管理。第二，要提高综合治理水平，由畜牧行政部门联合防疫、兽医等部门加大监督检查力度，督促养殖场提高档案管理工作水平、健全养殖档案管理体系。积极开展养殖档案管理专项检查，定期或不定期进行养殖档案的抽查，及时发现和整改存在的问题，对不建立档案的养殖场依法给予必要处罚。同时，要将养殖档案管理与实施优惠政策、扶持资金挂钩，引导养殖企业规范建立养殖档案。第三，加强畜禽养殖档案员培训力度，鼓励引进畜禽养殖档案现代化信息管理系统，普及先进的档案管理方法，构建良好的档案信息运转体系，加大数字化建设的投入力度，运用手机 App 等构建养殖管理智能化平台，实现养殖档案数据信息的智能化采用、自动化管理和创新性应用。

第四节　养殖档案

一、养殖场养殖档案

来源于 2007 年农业部《农业部关于加强畜禽养殖管理的通知》。畜禽养殖场养殖档案共 9 本，其中"禽养殖场平面图""畜禽养殖场免疫程序"由养殖场自行绘制和填写，此处省略。

（一）养殖场养殖档案（表 10-1 至表 10-8）

1. 养殖场养殖档案封面（表 10-1）

2. 生产记录（表 10-2）

3. 饲料、饲料添加剂和兽药使用记录（表 10-3）

4. 消毒记录（表 10-4）

5. 免疫记录（表 10-5）

6. 诊疗记录（表 10-6）

7. 防疫监测记录（表 10-7）

8. 病死畜禽无害化处理记录（表 10-8）

表 10-1　畜禽养殖场养殖档案

单位名称：

畜禽标识代码：

动物防疫合格证编号：

畜禽种类：

中华人民共和国农业农村部监制

表 10-2　生产记录（按日或变动记录）

圈舍号	时间	变动情况（数量）				存栏数	备注
		出生	调入	调出	死淘		

注：1. 圈舍号：填写畜禽饲养的圈、舍、栏的编号或名称。不分圈、舍、栏的此栏不填。

2. 时间：填写出生、调入、调出和死淘的时间。

3. 变动情况（数量）：填写出生、调入、调出和死淘的数量。调入的需要在备注栏注明动物检疫合格证明编号，并将检疫证明原件粘贴在记录背面。调出的需要在备注栏注明详细的去向。死亡的需要在备注栏注明死亡和淘汰的原因。

4. 存栏数：填写存栏总数，为上次存栏数和变动数量之和。

表 10-3　饲料、饲料添加剂和兽药使用记录

开始使用时间	投入产品名称	生产厂家	批号/加工日期	用量	停止使用时间	备注

注：1. 养殖场外购的饲料应在备注栏注明原料组成。

2. 养殖场自加工的饲料在生产厂家栏填写自加工，并在备注栏写明使用的药物饲料添加剂的详细成分。

表 10-4　消毒记录

日期	消毒场所	消毒药名称	用药剂量	消毒方法	操作员签字

注：1. 时间：填写实施消毒的时间。

2. 消毒场所：填写圈舍、人员出入通道和附属设施等场所。

3. 消毒药名称：填写消毒药的化学名称。

4. 用药剂量：填写消毒药的使用量和使用浓度。

5. 消毒方法：填写熏蒸、喷洒、浸泡、焚烧等。

表 10-5　免疫记录

时间	圈舍号	存栏数量	免疫数量	疫苗名称	疫苗生产厂	批号（有效期）	免疫方法	免疫剂量	免疫人员	备注

注：1.时间：填写实施免疫的时间。

2.圈舍号：填写动物饲养的圈、舍、栏的编号或名称。不分圈、舍、栏的此栏不填。

3.批号：填写疫苗的批号。

4.数量：填写同批次免疫畜禽的数量，单位为头、只。

5.免疫方法：填写免疫的具体方法，如喷雾、饮水、滴鼻点眼、注射部位等方法。

6.备注：记录本次免疫中未免疫动物的耳标号。

表 10-6　诊疗记录

时间	畜禽标识编码	圈舍号	日龄	发病数	病因	诊疗人员	用药名称	用药方法	诊疗结果

注：1.畜禽标识编码：填写15位畜禽标识编码中的标识顺序号，按批次统一填写。猪、牛、羊以外的畜禽养殖场此栏不填。

2.圈舍号：填写动物饲养的圈、舍、栏的编号或名称。不分圈、舍、栏的此栏不填。

3.诊疗人员：填写做出诊断结果的单位，如某动物疫病预防控制中心。执业兽医填写执业兽医的姓名。

4.用药名称：填写使用药物的名称。

5.用药方法：填写药物使用的具体方法，如口服、肌内注射、静脉注射等。

表 10-7　防疫监测记录

采样日期	圈舍号	采样数量	监测项目	监测单位	监测结果	处理情况	备注

注：1. 圈舍号：填写动物饲养的圈、舍、栏的编号或名称。不分圈、舍、栏的此栏不填。

2. 监测项目：填写具体的内容如布鲁氏菌病监测、口蹄疫免疫抗体监测。

3. 监测单位：填写实施监测的单位名称，如：某动物疫病预防控制中心。企业自行监测的填写自检。企业委托社会检测机构监测的填写受委托机构的名称。

4. 监测结果：填写具体的监测结果，如阴性、阳性、抗体效价数等。

5. 处理情况：填写针对监测结果对畜禽采取的处理方法。如针对结核病监测阳性牛的处理情况，可填写为对阳性牛全部予以扑杀。针对抗体效价低于正常保护水平，可填写为对畜禽进行重新免疫。

表 10-8　病死畜禽无害化处理记录

日期	数量	处理或死亡原因	畜禽标识编码	处理方法	处理单位（或责任人）	备注

注：1. 日期：填写病死畜禽无害化处理的日期。

2. 数量：填写同批次处理的病死畜禽的数量，单位为头、只。

3. 处理或死亡原因：填写实施无害化处理的原因，如染疫、正常死亡、死因不明等。

4. 畜禽标识编码：填写15位畜禽标识编码中的标识顺序号，按批次统一填写。猪、牛、羊以外的畜禽养殖场此栏不填。

5. 处理方法：填写《畜禽病害肉尸及其产品无害化处理规程》（GB 16548）规定的无害化处理方法。

6. 处理单位：委托无害化处理场实施无害化处理的填写处理单位名称；由本厂自行实施无害化处理的由实施无害化处理的人员签字。

（二）种畜个体养殖档案（表10-9）

表10-9　种畜个体养殖档案

标识编码：

品种名称		个体编号	
性别		出生日期	
母号		父号	
种畜场名称			
地址			
负责人		联系电话	
种畜禽生产经营许可证编号			
种畜调运记录			
调运日期	调出地（场）		调入地（场）

种畜调出单位（公章）　　　经办人　　　年　月　日

中华人民共和国农业农村部监制

二、养殖场畜禽粪污资源化利用台账

来源于2021年《农业农村部办公厅　生态环境部办公厅关于加强畜禽粪污资源化利用计划和台账管理的通知》。

（一）畜禽养殖场（户）粪污资源化利用计划（表10-10）

（二）畜禽养殖场（户）粪污资源化利用台账（表10-11）

三、青海省畜禽养殖场养殖档案和粪污资源化利用台账

来源于2023年《青海省农业农村厅关于开展畜禽粪污资源化利用大排查工作的通知》。与《农业部关于加强畜禽养殖管理的通知》中重复的档案省略。

（一）青海省备案畜禽养殖场基本情况表（表10-12）

（二）青海省备案畜禽养殖场粪污综合利用台账（表10-13、表10-14）

（三）青海省规模以下畜禽养殖场户（散养）粪污综合利用台账（表10-15）

表 10-10　畜禽养殖场（户）粪污资源化利用计划（参考模板）

（____年度）

名称		养殖代码	排污许可证编号（排污登记编号）	统一社会信用代码	负责人联系方式
地址	__省（自治区、直辖市）__市（州，盟）__县（市，区，旗）__乡（镇）__村				
养殖种类	□生猪　□奶牛　□肉牛　□羊　□蛋鸡　□肉鸡　□其他（　）				
配套农田	□自有（含土地流转）耕地面积__亩　□与种植户签订协议利用的土地面积__亩				
粪肥[2]年产生量	固体粪肥 __吨　液体粪肥[3] __立方米		设计存栏量 __头/羽/只　实际存栏量 __头/羽/只	粪污[1]年产生量 __吨	年深度处理[4]量（含达标排放、灌溉用水、场内回用等）
	固体粪肥利用形式	□全部自用还田　□部分自用还田，部分外供　□全部外供			
	液体粪肥利用形式	□全部自用还田　□部分自用还田，部分外供　□全部外供			

粪肥就地就近还田利用计划（自用/部分自用）[5]

序号	种植种类		
1	□青稞　□小麦　□油菜　□玉米　□土豆　□蔬菜　□果树　□饲草　□其他（　）		
……	□青稞　□小麦　□油菜　□玉米　□土豆　□蔬菜　□果树　□饲草　□其他（　）		

粪肥（粪污）委托第三方处理或利用计划

（续表）

合作对象	类型	合作对象名称	利用形态	年度计划供应量（吨或立方米）	处理能力（吨或立方米）	联系人及联系方式
□有机肥厂	□粪污 □粪肥		□固体 □液体（含粪浆） □固体 □液体（含粪浆）			
□专业沼气工程企业	□粪污 □粪肥		□固体 □液体（含粪浆） □固体 □液体（含粪浆）			
□社会化服务组织[7]	□粪污 □粪肥		□固体 □液体（含粪浆） □固体 □液体（含粪浆）			

合作对象名称	种植种类[9]	全年种植面积（亩）[6]	利用形态	年度计划供应量（吨或立方米）	联系人及联系方式
□种植户[8]（企业、合作社、家庭农场、散户等）	□粪污 □粪肥		□固体 □液体（含粪浆） □固体 □液体（含粪浆）		

注：1. 粪污是指养殖场（户）全年产生的固体、液体粪污，包括粪尿、污水、垫料等；
2. 粪肥是指粪污经发酵腐熟等方式处理后的产品；
3. 液体粪肥包括发酵腐熟后的粪水、粪浆、沼液等；
4. 深度处理是指污水经组合工艺深度处理后达到直接排放，农田灌溉或养殖场回用的标准；
5. 该部分是指养殖场（户）利用自有土地或流转自有土地从事种植，不包括与种植户签订粪污消纳协议的内容；
6. 种植面积是指作物实际种植面积，不同地块种植不同作物的逐一填写，一年多季作物的按每茬作物逐一填写；
7. 社会化服务组织是指养殖场（户）签订粪污消纳协议的或临时应用施用等服务的组织机构；
8. 种植户是指养殖场（户）粪肥就近地还田利用计划（自用/部分自用）中的种植类填写，不同地块种植不同作物的逐一填写；
9. 种植种类按照规模养殖场或规模养殖场按照表以下养殖规模（户）每年填写，可自行增页。

表 10-11　畜禽养殖场（户）粪污资源化利用台账（参考模板）

（＿＿年度）

名称：			养殖代码：		统一社会信用代码：				
运出时间	粪污利用形态	运出量[1]（立方米或吨）	场内储存时间（天）	利用方式	粪污利用方信息				
					收粪方名称	身份证号码	联系电话[4]	联系人签字	
	□固体 □液体			□周边种植户[2]或社会化服务组织[3]拉运利用 □委托第三方处理（有机肥厂或沼气工程企业）					
	□固体 □液体			□周边种植户[2]□或社会化服务组织[3]拉运利用 □委托第三方处理（有机肥厂或沼气工程企业）					
	□固体 □液体			□周边种植户[2]□或社会化服务组织[3]拉运利用 □委托第三方处理（有机肥厂或沼气工程企业）					
	□固体 □液体			□周边种植户[2]□或社会化服务组织[3]拉运利用 □委托第三方处理（有机肥厂或沼气工程企业）					
	□固体 □液体			□周边种植户[2]□或社会化服务组织[3]拉运利用 □委托第三方处理（有机肥厂或沼气工程企业）					
	□固体 □液体			□周边种植户[2]□或社会化服务组织[3]拉运利用 □委托第三方处理（有机肥厂或沼气工程企业）					
	□固体 □液体			□周边种植户[2]□或社会化服务组织[3]拉运利用 □委托第三方处理（有机肥厂或沼气工程企业）					
	□固体 □液体			□周边种植户[2]□或社会化服务组织[3]拉运利用 □委托第三方处理（有机肥厂或沼气工程企业）					

（续表）

名称：				养殖代码：	统一社会信用代码：			
运出时间	粪污利用形态	运出量[1]（立方米或吨）	场内储存时间（天）	利用方式	粪污利用方信息			
					收粪方名称	身份证号码	联系电话[4]	联系人签字
	□固体□液体			□周边种植户[2]□或社会化服务组织[3]拉运利用□委托第三方处理（有机肥厂或沼气工程企业）				
	□固体□液体			□周边种植户[2]□或社会化服务组织[3]拉运利用□委托第三方处理（有机肥厂或沼气工程企业）				
	□固体□液体			□周边种植户[2]□或社会化服务组织[3]拉运利用□委托第三方处理（有机肥厂或沼气工程企业）				
	□固体□液体			□周边种植户[2]□或社会化服务组织[3]拉运利用□委托第三方处理（有机肥厂或沼气工程企业）				

注：1.运出量的固体部分单位为吨，液体部分（含固液混合）单位为立方米；

2.种植户是指与养殖场（户）签订粪污消纳协议的或临时施用粪肥的种植户，含流转土地和自有土地从事种植的养殖场（户）；

3.社会化服务组织是指专业从事粪污堆沤腐熟、贮存发酵、粪肥运输和施用等服务的组织机构；

4.身份证号码仅在粪肥提供给种植户时填写，填写利用粪肥的种植户身份证号码，由社会化服务组织利用或委托第三方处理可不填写。

5.畜禽粪污（或粪肥）提供给不同的种植户、第三方服务组织的，应在表中按顺序逐一填写。

6.规模养殖场和规模以下养殖场（户）日常填写，可自行增页。

表 10-12　青海省备案畜禽养殖场基本情况表

一、养殖场基本情况

养殖场（合作社）名称			建场时间			场区占地面积（亩）		
单位代码			自有耕地面积（亩）			合约耕地面积（亩）		
联系电话		畜种	奶牛	肉牛	牦牛	肉羊	猪	蛋鸡	肉鸡	其他
法人		存栏量								

（续表）

二、基础设施

消毒设施面积（m²）		办公设施面积（m²）		贮草棚面积（m²）		饲料储存加工设施面积（m²）	
青贮设施容积（m³）		挤奶厅面积（m²）		圈舍数量（栋）		圈舍面积（m²）	
运动场面积（m²）		堆粪场容积（m³）		沉淀池数量（个）		沉淀池总容积（m³）	
化粪池容积（m³）		其他粪污储存设施容积（m³）		有机肥加工设施面积（m²）		其他	

三、养殖模式

自繁自育		异地育肥		其他			
舍饲		半舍饲		放牧		其他	

四、主要生产设备

青贮设备		饲草料加工设备		固体粪污处理设备		液态粪污处理设备	
名称	数量	名称	数量	名称	数量	名称	数量

有机肥生产设备		产奶设备		产蛋设备		其他设备	
名称	数量	名称	数量	名称	数量	名称	数量

五、生产运输工具

名称	数量	名称	数量	名称	数量	名称	数量

表 10–13 青海省养殖场粪污资源化利用台账（产生情况）

州（市）： 区（县、市）： 乡：

村： 社：

| 地理坐标 | 东经： | | | | | | | 北纬： | | | |

养殖场（合作社）名称：

月份	星期	存栏量	增量			减量				粪污产生量（t）	尿液产生量（t）	粪污产生总量（t）
			出生	购进	其他	死亡	出售	自食	其他			
1	第1周											
	第2周											
	第3周											
	第4周											
2	第1周											
	第2周											
	第3周											
	第4周											
3	第1周											
	第2周											
	第3周											
	第4周											
第一季度合计												
4	第1周											
	第2周											
	第3周											
	第4周											
5	第1周											
	第2周											
	第3周											
	第4周											
6	第1周											
	第2周											
	第3周											
	第4周											

（续表）

第二季度合计										
7	第1周									
	第2周									
	第3周									
	第4周									
8	第1周									
	第2周									
	第3周									
	第4周									
9	第1周									
	第2周									
	第3周									
	第4周									
第三季度合计										
10	第1周									
	第2周									
	第3周									
	第4周									
11	第1周									
	第2周									
	第3周									
	第4周									
12	第1周									
	第2周									
	第3周									
	第4周									
第四季度合计										
全年累计										

表 10-14 青海省备案畜禽养殖场粪污综合利用台账（利用情况）

日期	自行处理或委托处理				固体粪污					液体粪污		
	固体粪污利用量（t）	粪污处理单位（或人）	液体粪污利用量（t）	粪污处理单位（或人）	堆积发酵利用量（t）	发酵床垫料利用量（t）	作为燃料利用量（t）	商品出售利用量（t）	其他利用量	还田利用量（t）	达标排放量（t）	其他利用量

表 10-15 青海省规模以下畜禽养殖场（户）粪污资源化利用台账

_____县 _____乡（镇）_____村（社）　　　　　单位：头、只、羽、户、t、亩

畜种	养殖量	养殖户数	固体粪污自测量	液体粪污自测量	固体粪污利用量	液体粪污利用量	粪污去处	污水去处	耕地面积	村联系人电话
猪										
奶牛										
肉牛										
牦牛										
羊										
蛋鸡										
肉鸡										
合计										

填表说明：

1. 此表按季由乡镇畜牧兽医站填写归档。

2. 各畜种养殖量按成年畜季末存栏量与出栏量之和填写，断奶前仔畜（猪 1 月龄；羊 4 月龄；牛 6 月龄）及雏鸡不纳入统计。

3. 固体粪污（液体粪污）自测量 = 各畜种每季度养殖量 × 实际饲养天数 × 单位动物粪污或尿液日均产生量 /1 000（单位动物粪污日均产生量：猪 1.24kg，奶牛 15.76kg，肉牛 12.1kg，牦牛 4.75kg，羊 0.69kg，蛋鸡 0.08kg，肉鸡 0.18kg；单位动物液体粪污日均产生量：猪 2.36kg，奶牛 9.81kg，肉牛 8.32kg，牦牛 2.55kg，羊 0.41kg，蛋鸡，肉鸡无）。

附　录

附录1

畜禽规模养殖污染防治条例
中华人民共和国国务院令

第643号

《畜禽规模养殖污染防治条例》已经 2013 年 10 月 8 日国务院第 26 次常务会议通过，现予公布，自 2014 年 1 月 1 日起施行。

总理　李克强

2013 年 11 月 11 日

规模养殖场污染防治条例

第一章　总　则

第一条　为了防治畜禽养殖污染，推进畜禽养殖废弃物的综合利用和无害化处理，保护和改善环境，保障公众身体健康，促进畜牧业持续健康发展，制定本条例。

第二条　本条例适用于畜禽养殖场、养殖小区的养殖污染防治。

畜禽养殖场、养殖小区的规模标准根据畜牧业发展状况和畜禽养殖污染防治要求确定。

牧区放牧养殖污染防治，不适用本条例。

第三条　畜禽养殖污染防治，应当统筹考虑保护环境与促进畜牧业发展的需要，坚持预防为主、防治结合的原则，实行统筹规划、合理布局、综合利用、激励引导。

第四条　各级人民政府应当加强对畜禽养殖污染防治工作的组织领导，采取有效措施，加大资金投入，扶持畜禽养殖污染防治以及畜禽养殖废弃物综合利用。

第五条　县级以上人民政府环境保护主管部门负责畜禽养殖污染防治的统一监督管理。

县级以上人民政府农牧主管部门负责畜禽养殖废弃物综合利用的指导和服务。

县级以上人民政府循环经济发展综合管理部门负责畜禽养殖循环经济工作的组织协调。

县级以上人民政府其他有关部门依照本条例规定和各自职责，负责畜禽养殖污染防治相关工作。

乡镇人民政府应当协助有关部门做好本行政区域的畜禽养殖污染防治工作。

第六条　从事畜禽养殖以及畜禽养殖废弃物综合利用和无害化处理活动，应当符合国家有关畜禽养殖污染防治的要求，并依法接受有关主管部门的监督检查。

第七条　国家鼓励和支持畜禽养殖污染防治以及畜禽养殖废弃物综合利用和无害化处理的科学技术研究和装备研发。各级人民政府应当支持先进适用技术的推广，促进畜禽养殖污染防治水平的提高。

第八条　任何单位和个人对违反本条例规定的行为，有权向县级以上人民政府环境保护等有关部门举报。接到举报的部门应当及时调查处理。

对在畜禽养殖污染防治中作出突出贡献的单位和个人，按照国家有关规定给予表彰和奖励。

第二章 预 防

第九条 县级以上人民政府农牧主管部门编制畜牧业发展规划，报本级人民政府或者其授权的部门批准实施。畜牧业发展规划应当统筹考虑环境承载能力以及畜禽养殖污染防治要求，合理布局，科学确定畜禽养殖的品种、规模、总量。

第十条 县级以上人民政府环境保护主管部门会同农牧主管部门编制畜禽养殖污染防治规划，报本级人民政府或者其授权的部门批准实施。畜禽养殖污染防治规划应当与畜牧业发展规划相衔接，统筹考虑畜禽养殖生产布局，明确畜禽养殖污染防治目标、任务、重点区域，明确污染治理重点设施建设，以及废弃物综合利用等污染防治措施。

第十一条 禁止在下列区域内建设畜禽养殖场、养殖小区：

（一）饮用水水源保护区，风景名胜区；

（二）自然保护区的核心区和缓冲区；

（三）城镇居民区、文化教育科学研究区等人口集中区域；

（四）法律、法规规定的其他禁止养殖区域。

第十二条 新建、改建、扩建畜禽养殖场、养殖小区，应当符合畜牧业发展规划、畜禽养殖污染防治规划，满足动物防疫条件，并进行环境影响评价。对环境可能造成重大影响的大型畜禽养殖场、养殖小区，应当编制环境影响报告书；其他畜禽养殖场、养殖小区应当填报环境影响登记表。大型畜禽养殖场、养殖小区的管理目录，由国务院环境保护主管部门商国务院农牧主管部门确定。

环境影响评价的重点应当包括：畜禽养殖产生的废弃物种类和数量，废弃物综合利用和无害化处理方案和措施，废弃物的消纳和处理情况以及向环境直接排放的情况，最终可能对水体、土壤等环境和人体健康产生的影响以及控制和减少影响的方案和措施等。

第十三条 畜禽养殖场、养殖小区应当根据养殖规模和污染防治需要，建设相应的畜禽粪污、污水与雨水分流设施，畜禽粪污、污水的贮存设施，粪污厌氧消化和堆沤、有机肥加工、制取沼气、沼渣沼液分离和输送、污水处理、畜禽尸体处理等综合利用和无害化处理设施。已经委托他人对畜禽养殖废弃物代为综合利用和无害化处理的，可以不自行建设综合利用和无害化处理设施。

未建设污染防治配套设施、自行建设的配套设施不合格，或者未委托他人对畜禽养殖废弃物进行综合利用和无害化处理的，畜禽养殖场、养殖小区不得投入生产或者使用。

畜禽养殖场、养殖小区自行建设污染防治配套设施的，应当确保其正常运行。

第十四条　从事畜禽养殖活动，应当采取科学的饲养方式和废弃物处理工艺等有效措施，减少畜禽养殖废弃物的产生量和向环境的排放量。

第三章　综合利用与治理

第十五条　国家鼓励和支持采取粪肥还田、制取沼气、制造有机肥等方法，对畜禽养殖废弃物进行综合利用。

第十六条　国家鼓励和支持采取种植和养殖相结合的方式消纳利用畜禽养殖废弃物，促进畜禽粪污、污水等废弃物就地就近利用。

第十七条　国家鼓励和支持沼气制取、有机肥生产等废弃物综合利用以及沼渣沼液输送和施用、沼气发电等相关配套设施建设。

第十八条　将畜禽粪污、污水、沼渣、沼液等用作肥料的，应当与土地的消纳能力相适应，并采取有效措施，消除可能引起传染病的微生物，防止污染环境和传播疫病。

第十九条　从事畜禽养殖活动和畜禽养殖废弃物处理活动，应当及时对畜禽粪污、畜禽尸体、污水等进行收集、贮存、清运，防止恶臭和畜禽养殖废弃物渗出、泄漏。

第二十条　向环境排放经过处理的畜禽养殖废弃物，应当符合国家和地方规定的污染物排放标准和总量控制指标。畜禽养殖废弃物未经处理，不得直接向环境排放。

第二十一条　染疫畜禽以及染疫畜禽排泄物、染疫畜禽产品、病死或者死因不明的畜禽尸体等病害畜禽养殖废弃物，应当按照有关法律、法规和国务院农牧主管部门的规定，进行深埋、化制、焚烧等无害化处理，不得随意处置。

第二十二条　畜禽养殖场、养殖小区应当定期将畜禽养殖品种、规模以及畜禽养殖废弃物的产生、排放和综合利用等情况，报县级人民政府环境保护主管部门备案。环境保护主管部门应当定期将备案情况抄送同级农牧主管部门。

第二十三条　县级以上人民政府环境保护主管部门应当依据职责对畜禽养殖污染防治情况进行监督检查，并加强对畜禽养殖环境污染的监测。

乡镇人民政府、基层群众自治组织发现畜禽养殖环境污染行为的，应当及时制止和报告。

第二十四条　对污染严重的畜禽养殖密集区域，市、县人民政府应当制定综合整治方案，采取组织建设畜禽养殖废弃物综合利用和无害化处理设施、有计划搬迁或者关闭畜禽养殖场所等措施，对畜禽养殖污染进行治理。

第二十五条　因畜牧业发展规划、土地利用总体规划、城乡规划调整以及划定禁止养殖区域，或者因对污染严重的畜禽养殖密集区域进行综合整治，确需关闭或者搬迁现有畜禽养殖场所，致使畜禽养殖者遭受经济损失的，由县级以上地方人民政府依法予以补偿。

第四章　激励措施

第二十六条　县级以上人民政府应当采取示范奖励等措施，扶持规模化、标准化畜禽养殖，支持畜禽养殖场、养殖小区进行标准化改造和污染防治设施建设与改造，鼓励分散饲养向集约饲养方式转变。

第二十七条　县级以上地方人民政府在组织编制土地利用总体规划过程中，应当统筹安排，将规模化畜禽养殖用地纳入规划，落实养殖用地。

国家鼓励利用废弃地和荒山、荒沟、荒丘、荒滩等未利用地开展规模化、标准化畜禽养殖。

畜禽养殖用地按农用地管理，并按照国家有关规定确定生产设施用地和必要的污染防治等附属设施用地。

第二十八条　建设和改造畜禽养殖污染防治设施，可以按照国家规定申请包括污染治理贷款贴息补助在内的环境保护等相关资金支持。

第二十九条　进行畜禽养殖污染防治，从事利用畜禽养殖废弃物进行有机肥产品生产经营等畜禽养殖废弃物综合利用活动的，享受国家规定的相关税收优惠政策。

第三十条　利用畜禽养殖废弃物生产有机肥产品的，享受国家关于化肥运力安排等支持政策；购买使用有机肥产品的，享受不低于国家关于化肥的使用补贴等优惠政策。

畜禽养殖场、养殖小区的畜禽养殖污染防治设施运行用电执行农业用电价格。

第三十条　国家鼓励和支持利用畜禽养殖废弃物进行沼气发电，自发自用、多余电量接入电网。电网企业应当依照法律和国家有关规定为沼气发电提供无歧视的电网接入服务，并全额收购其电网覆盖范围内符合并网技术标准的多余电量。

利用畜禽养殖废弃物进行沼气发电的，依法享受国家规定的上网电价优惠政策。利用畜禽养殖废弃物制取沼气或进而制取天然气的，依法享受新能源优惠政策。

第三十二条　地方各级人民政府可以根据本地区实际，对畜禽养殖场、养殖小区支出的建设项目环境影响咨询费用给予补助。

第三十三条　国家鼓励和支持对染疫畜禽、病死或者死因不明畜禽尸体进行集中无害化处理，并按照国家有关规定对处理费用、养殖损失给予适当补助。

第三十四条　畜禽养殖场、养殖小区排放污染物符合国家和地方规定的污染物排放标准和总量控制指标，自愿与环境保护主管部门签订进一步削减污染物排放量协议的，由县级人民政府按照国家有关规定给予奖励，并优先列入县级以上人民政府安排的环境保护和畜禽养殖发展相关财政资金扶持范围。

第三十五条　畜禽养殖户自愿建设综合利用和无害化处理设施、采取措施减少污染物排放的，可以依照本条例规定享受相关激励和扶持政策。

第五章　法律责任

第三十六条　各级人民政府环境保护主管部门、农牧主管部门以及其他有关部门未依照本条例规定履行职责的，对直接负责的主管人员和其他直接责任人员依法给予处分；直接负责的主管人员和其他直接责任人员构成犯罪的，依法追究刑事责任。

第三十七条　违反本条例规定，在禁止养殖区域内建设畜禽养殖场、养殖小区的，由县级以上地方人民政府环境保护主管部门责令停止违法行为；拒不停止违法行为的，处 3 万元以上 10 万元以下的罚款，并报县级以上人民政府责令拆除或者关闭。在饮用水水源保护区建设畜禽养殖场、养殖小区的，由县级以上地方人民政府环境保护主管部门责令停止违法行为，处 10 万元以上 50 万元以下的罚款，并报经有批准权的人民政府批准，责令拆除或者关闭。

第三十八条　违反本条例规定，畜禽养殖场、养殖小区依法应当进行环境影响评价而未进行的，由有权审批该项目环境影响评价文件的环境保护主管部门责令停止建设，限期补办手续；逾期不补办手续的，处 5 万元以上 20 万元以下的罚款。

第三十九条　违反本条例规定，未建设污染防治配套设施或者自行建设的配套设施不合格，也未委托他人对畜禽养殖废弃物进行综合利用和无害化处理，畜禽养殖场、养殖小区即投入生产、使用，或者建设的污染防治配套设施未正常运行的，由县级以上人民政府环境保护主管部门责令停止生产或者使用，可以处 10 万元以下的罚款。

第四十条　违反本条例规定，有下列行为之一的，由县级以上地方人民政府环境保护主管部门责令停止违法行为，限期采取治理措施消除污染，依照《中华人民共和国水污染防治法》《中华人民共和国固体废物污染环境防治法》的有关规定予以处罚：

（一）将畜禽养殖废弃物用作肥料，超出土地消纳能力，造成环境污染的；

（二）从事畜禽养殖活动或者畜禽养殖废弃物处理活动，未采取有效措施，导致畜禽养殖废弃物渗出、泄漏的。

第四十一条　排放畜禽养殖废弃物不符合国家或者地方规定的污染物排放标准或者总量控制指标，或者未经无害化处理直接向环境排放畜禽养殖废弃物的，由县级以上地方人民政府环境保护主管部门责令限期治理，可以处5万元以下的罚款。县级以上地方人民政府环境保护主管部门作出限期治理决定后，应当会同同级人民政府农牧等有关部门对整改措施的落实情况及时进行核查，并向社会公布核查结果。

第四十二条　未按照规定对染疫畜禽和病害畜禽养殖废弃物进行无害化处理的，由物卫生监督机构责令无害化处理，所需处理费用由违法行为人承担，可以处3000元以下的罚款。

第六章　附　则

第四十三条　畜禽养殖场、养殖小区的具体规模标准由省级人民政府确定，并报国务院环境保护主管部门和国务院农牧主管部门备案。

第四十四条　本条例自2014年1月1日起施行。

附录2

環境保護部办公厅
农业部办公厅　文件

环办水体〔2016〕99号

关于印发《畜禽养殖禁养区划定技术指南》的通知

　　各省、自治区、直辖市环境保护厅（局）、畜牧兽医（农业、农牧）局（厅、委、办），新疆生产建设兵团环境保护局、畜牧兽医局：

　　为贯彻落实《畜禽规模养殖污染防治条例》（国务院令第643号）和《水污染防治行动计划》（国发〔2015〕17号），指导各地科学划定畜禽养殖禁养区，环境保护部、农业部制定了《畜禽养殖禁养区划定技术指南》，现印发给你们。请参照本指南抓紧组织开展禁养区划定工作。

　　附件：畜禽养殖禁养区划定技术指南

环境保护部办公厅
农业部办公厅
2016年10月24日

环境保护部办公厅　2016年10月28日印发

畜禽养殖禁养区划定技术指南

1　适用范围

本指南适用于主要畜禽禁养区的划定。

2　划定依据

（1）《中华人民共和国环境保护法》

（2）《中华人民共和国畜牧法》

（3）《中华人民共和国水污染防治法》

（4）《中华人民共和国大气污染防治法》

（5）《畜禽规模养殖污染防治条例》

（6）《水污染防治行动计划》

（7）《饮用水水源保护区划分技术规范》（HJ/T 338—2007）

（8）其他有关法律法规和技术规范

3　术语与定义

3.1　畜禽

包括猪、牛、鸡等主要畜禽，其他品种动物由各地依据其规模养殖的环境影响确定。

3.2　畜禽养殖场、养殖小区

指达到省级人民政府确定的养殖规模标准的畜禽集中饲养场所（以下简称养殖场）。

3.3　禁养区

指县级以上地方人民政府依法划定的禁止建设养殖场或禁止建设有污染物排放的养殖场的区域。

4　基本要求

以优化畜禽养殖产业布局、控制农业面源污染、保障生态环境安全为目的，以统筹兼顾、科学可行、依法合规、以人为本为基本原则，根据《全国主体功能区划》《全国生态功能区划（修编版）》，综合考虑各区域主体功能定位及生态功能重要性，在与生态保护红线格局相协调前提下，以饮用水水源保护区、自然保护区的核心区和缓冲区、风景名胜区、城镇居民区、文化教育科学研究区等区域为重点，兼顾江河源头区、重要河流岸带、重要湖库周边等对水环境影响较大的区域，科学合理划定禁养区范围，切实加强环境监管，促进环境保护和畜牧业协调发展。

5　划定范围

5.1　饮用水水源保护区

包括饮用水水源一级保护区和二级保护区的陆域范围。已经完成饮用水水源保护区划分的，按照现有陆域边界范围执行；未完成饮用水水源保护区划分的，参照《饮用水水源保护区划分技术规范》(HJ/T 338—2007)中各类型饮用水水源保护区划分方法确定。其中，饮水水源保护一级保护区内禁止建设养殖场。饮用水水源二级保护区禁止建设有污染物排放的养殖场（注：畜禽粪污、养殖废水、沼渣、沼液等经过无害化处理用作肥料还田，符合法律法规要求以及国家和地方相关标准不造成环境污染的，不属于排放污染物）。

5.2　自然保护区

包括国家级和地方级自然保护区的核心区和缓冲区，按照各级人民政府公布的自然保护区范围执行。自然保护区核心区和缓冲区范围内，禁止建设养殖场。

5.3　风景名胜区

包括国家级和省级风景名胜区，以国务院及省级人民政府批准公布的名单为准，范围按照其规划确定的范围执行。其中，风景名胜区的核心景区禁止建设养殖场；其他区域禁止建设有污染物排放的养殖场。

5.4　城镇居民区和文化教育科学研究区

根据城镇现行总体规划，动物防疫条件、卫生防护和环境保护要求等，因地制宜，兼顾城镇发展，科学设置边界范围。边界范围内，禁止建设养殖场。

5.5　依照法律法规规定应当划定的区域法律法规规定的其他禁止建设养殖场的区域。

6　工作流程

6.1　摸清底数

县级以上地方环保部门、农牧部门会同有关部门依据国家和地方法律、法规、规章等，结合当地经济社会发展规划、生态环境保护规划、畜牧业发展规划等，识别和初步确定禁养区划定范围。

6.2　核定边界

在初步确定划定范围的基础上，组织开展实地勘察，调查禁养区划定相关基础信息（包括有关地物信息，养殖场分布、养殖规模等），明确拟划定禁养区范围边界拐点，形成禁养区划定初步方案，包括比例尺一般不低于1：50 000的畜禽禁养区分布图，以及禁养区划定范围的文字描述等。

6.3　征求意见

禁养区划定初步方案应当征求同级有关部门意见，并向社会公开征求意见。根据反馈意见进行修正，必要的应当进行现场勘核，形成禁养区划定方案（送审稿）。

6.4 报批公布

各地环保部门、农牧部门将禁养区划定方案（送审稿）报上一级地方环保部门、农牧部门进行技术审核后，报请同级人民政府批准并向社会公布。省级环保部门、农牧部门应当及时掌握本行政区域禁养区划定情况，并定期向环境保护部、农业部报送工作进展情况。

7 其他

7.1 禁养区划定后原则上 5 年内不做调整；需要调整的，根据本指南开展工作。

7.2 已完成禁养区划定的、已形成禁养区划定初步方案的，但划定范围与本指南要求不符的，应当根据本指南予以调整。

7.3 禁养区划定工作已明确牵头部门的，可按现有工作机制开展工作；需调整的，可依据本指南对现有工作机制予以调整。

7.4 禁养区划定完成后，地方环保、农牧部门要按照地方政府统一部署，积极配合有关部门，依据《中华人民共和国水污染防治法》第五十八条、第五十九条和《畜禽规模养殖污染防治条例》第二十五条等有关法律法规的规定，协助做好禁养区内确需关闭或搬迁的已有养殖场关闭或搬迁工作。

附录3

农业农村部办公厅
生态环境部办公厅　文件

农办牧〔2022〕19号

农业农村部办公厅 生态环境部办公厅关于印发《畜禽养殖场（户）粪污处理设施建设技术指南》的通知

　　各省、自治区、直辖市农业农村（农牧）、畜牧兽医、生态环境厅（局、委），新疆生产建设兵团农业农村局、生态环境局：

　　为贯彻落实《畜禽规模养殖污染防治条例》《国务院办公厅关于加快推进畜禽养殖废弃物资源化利用的意见》《国务院办公厅关于促进畜牧业高质量发展的意见》等要求，指导畜禽养殖场（户）科学建设粪污资源化利用设施，提高设施装备配套和整体建设水平，促进畜牧业绿色发展，农业农村部、生态环境部联合制定了《畜禽养殖场（户）粪污处理设施建设技术指南》，现印发你们，请参照执行。

农业农村部办公厅　生态环境部办公厅
2022 年 6 月 24 日

畜禽养殖场（户）粪污处理设施建设技术指南

1 适用范围

该指南适用于畜禽养殖场（户）粪污处理设施建设的指导和评估。

2 建设依据

《中华人民共和国环境保护法》

《中华人民共和国畜牧法》

《中华人民共和国水污染防治法》

《中华人民共和国大气污染防治法》

《中华人民共和国固体废物污染环境防治法》

《中华人民共和国土壤污染防治法》

《畜禽规模养殖污染防治条例》

《农田灌溉水质标准》（GB 5084）

《畜禽养殖业污染物排放标准》（GB 18596）

《畜禽粪污还田技术规范》（GB/T 25246）

《畜禽粪污农田利用环境影响评价准则》（GB/T 26622）

《畜禽养殖污水贮存设施设计要求》（GB/T 26624）

《畜禽粪污贮存设施设计要求》（GB/T 27622）

《畜禽养殖粪污堆肥处理与利用设备》（GB/T 28740）

《肥料中有毒有害物质的限量要求》（GB 38400）

《户用沼气池设计规范》（GB/T 4750）

《畜禽养殖业污染治理工程技术规范》（HJ 497）

《沼气工程技术规范第1部分：工程设计》（NY/T 1220.1）

《畜禽粪污堆肥技术规范》（NY/T 3442）

3 术语与定义

3.1 畜禽

指猪、牛、羊、鸡、鸭等主要畜禽，其他畜禽种类由各地依据实际情况确定。

3.2 畜禽养殖场

指达到规模标准的畜禽养殖场，规模标准依据《中华人民共和国畜牧法》《畜禽规模养殖污染防治条例》等法律法规规定。

3.3 畜禽养殖户

指未达到畜禽规模养殖场标准的畜禽养殖户。

3.4　畜禽粪污

指畜禽养殖过程中产生粪、尿和污水等的总称。

3.5　固体粪污

指畜禽养殖过程中产生的粪、尿、外漏饮水和冲洗水及少量散落饲料等组成的固态混合物。

3.6　液体粪污

指畜禽养殖过程中产生的粪、尿、外漏饮水和冲洗水及少量散落饲料等组成的液态混合物（含粪浆）。

3.7　畜禽粪污处理设施

指畜禽粪污减量、收集、暂存、处理等设施设备。

3.8　敞口贮存设施

指通过自然贮存对畜禽液体粪污进行好氧、兼氧、厌氧发酵处理且满足防渗、防溢流要求的敞口构筑物，包括氧化塘、化粪池等。

3.9　密闭贮存设施

指通过自然贮存对畜禽液体粪污进行厌氧发酵处理的密闭构筑物。

4　基本要求

以推动畜牧业绿色发展为目标，按照畜禽粪污减量化、资源化、无害化处理原则，通过清洁生产和设施装备的改进，减少用水量和粪污流失量、恶臭气体和温室气体产生量，提高设施装备配套率和粪污综合利用率。重点围绕生产沼气、沼肥、肥水、堆肥、沤肥、商品有机肥、垫料、基质等以资源化利用为目的的处理方式，兼顾作为场内生产回冲用水、农田灌溉用水和向环境水体达标排放等处理方式，规范建设标准，科学建设畜禽粪污处理设施设备，促进污染防治与畜牧业协调发展。

5　建设内容

5.1　设施设备总体要求

畜禽养殖场应根据养殖污染防治要求和当地环境承载力，配备与设计生产能力、粪污处理利用方式相匹配的畜禽粪污处理设施设备，满足防雨、防渗、防溢流和安全防护要求，并确保正常运行。交由第三方处理机构处理畜禽粪污的，应按照转运时间间隔建设粪污暂存设施。畜禽养殖户应当采取措施，对畜禽粪污进行科学处理，防止污染环境。

5.2　圈舍及运动场粪污减量设施

畜禽养殖场（户）宜采用干清粪、水泡粪、地面垫料、床（网）下垫料等清粪工艺，逐步淘汰水冲粪工艺，合理控制清粪环节用水量。新建养殖场采用干清粪工艺的，鼓励进行机械干清粪。鼓励畜禽养殖场采用碗式或液位控制等防溢漏饮水器，减少饮水漏水。新建猪、鸡等养殖场宜采取圈舍封闭半封闭管理，鼓励有条件的现有畜禽养殖场开展圈舍封闭改造，对恶臭气体进行收集处理。

畜禽养殖场（户）应保持合理的清粪频次，及时收集圈舍和运动场的粪污。鼓励畜禽养殖场做好运动场的防雨、防渗和防溢流，降低环境污染风险。

5.3 雨污分流设施

畜禽养殖场（户）应建设雨污分流设施，液体粪污应采用暗沟或管道输送，采取密闭措施，做好安全防护，输送管路要合理设置检查口，检查口应加盖且一般高于地面5cm以上，防止雨水倒灌。

5.4 畜禽粪污暂存设施

畜禽养殖场（户）建设畜禽粪污暂存池（场）的，液体粪污暂存池容积不小于单位畜禽液体粪污日产生量［m³/（d·头、只、羽）］×暂存周期（d）×设计存栏量（头、只、羽），固体粪污暂存场容积不小于单位畜禽固体粪污日产生量［m³/（d·头、只、羽）］×暂存周期（d）×设计存栏量（头、只、羽），暂存周期按转运处理最大时间间隔确定。鼓励采取加盖等措施，减少恶臭气体排放和雨水进入。

5.5 液体粪污贮存发酵设施

畜禽养殖场（户）通过敞口贮存设施处理液体粪污的，应配套必要的输送、搅拌等设施设备，容积不小于单位畜禽液体粪污日产生量［m³/（d·头、只、羽）］×贮存周期（d）×设计存栏量（头、只、羽），贮存周期依据当地气候条件与农林作物生产用肥最大间隔期确定，推荐贮存周期最少在180d以上，确保充分发酵腐熟，处理后蛔虫卵、粪大肠杆菌、镉、汞、砷、铅、铬、铊和缩二脲等物质应达到《肥料中有毒有害物质的限量要求》。鼓励有条件的畜禽养殖场建设两个以上敞口贮存设施交替使用。

畜禽养殖场（户）通过密闭贮存设施处理液体粪污的，应采用加盖、覆膜等方式，减少恶臭气体排放和雨水进入，同时配套必要的输送、搅拌、气体收集处理或燃烧火炬等设施设备。密闭贮存设施容积不小于单位畜禽液体粪污日产生量［m³/（d·头、只、羽）］×贮存周期（d）×设计存栏量（头、只、羽），贮存周期依据当地气候条件与农林作物生产用肥最大间隔期确定，推荐贮存周期最少在90d以上，确保充分发酵腐熟，处理后蛔虫卵、粪大肠杆菌、镉、汞、砷、铅、铬、铊和缩二脲等物质应达到《肥料中有毒有害物质的限量要求》。鼓励有条件的畜禽养殖场建设两个以上密闭贮存设施交替使用。

畜禽养殖场（户）采用异位发酵床工艺处理液体粪污的，适用于生猪、家禽全量粪污的处理，发酵床建设容积一般不小于0.2（生猪）、0.0033（肉鸡）、

0.0067（蛋鸡）或 0.013（鸭）（m³/头、羽）×设计存栏量（头、羽），并配套供氧、除臭和翻抛等设施设备。

5.6　液体粪污深度处理设施

固液分离后的液体粪污进行深度处理的，根据不同工艺可配套集水池、曝气池、沉淀池、高效固液分离机、厌氧反应池、好氧反应池、高效脱氮除磷、膜生物反应器、膜分离浓缩、机械排泥、臭气处理等设施设备，做好防渗、防溢流。处理后排入环境水体的，出水水质不得超过国家或地方规定的水污染物排放标准和重点水污染物排放总量控制指标；排入农田灌溉渠道的，还应保证其下游最近的灌溉取水点水质符合《农田灌溉水质标准》。

5.7　固体粪污发酵设施

畜禽养殖场（户）可采用堆肥、沤肥、生产垫料等方式处理固体粪污。堆肥宜采用条垛式、强制通风静态垛、槽式、发酵仓、反应器或覆膜堆肥等好氧工艺，根据不同工艺配套必要的混合、输送、搅拌、供氧和除臭等设施设备。沤肥宜采用平地或半坑式糊泥静置等兼氧工艺。生产垫料宜采用密闭式滚筒好氧发酵工艺，配套必要的固液分离、进料、混合、发酵、除臭或智能控制等设施设备，分离出的液体粪污应参照 5.5 液体粪污贮存发酵设施中的要求进行处理。堆（沤）肥设施发酵容积不小于单位畜禽固体粪污日产生量［m³/（d·头、只、羽）］×发酵周期（d）×设计存栏量（头、只、羽），确保充分发酵腐熟，处理后蛔虫卵、粪大肠杆菌、镉、汞、砷、铅、铬、铊和缩二脲等物质应达到《肥料中有毒有害物质的限量要求》。

5.8　沼气发酵设施

畜禽粪污采用沼气工程进行厌氧处理的，应配套调节池、固液分离机、贮气设施、沼渣沼液贮存池等设施设备，并采取必要的除臭措施。根据不同工艺可配套完全混合式厌氧反应器、升流式厌氧固体反应器、干法厌氧发酵反应器、升流式厌氧污泥床反应器、升流式厌氧复合床、内循环厌氧反应器、厌氧颗粒污泥膨胀床反应器或竖向推流式厌氧反应器等设施设备。畜禽粪污采用户用沼气池进行厌氧处理的，应符合户用沼气池设计规范要求，建设必要的配套设施。

沼气工程产生的沼液还田利用的，宜通过敞口或密闭贮存设施进行后续处理，贮存容积不小于沼液日产生量（米³/d）×贮存周期（d），贮存周期不得低于当地农作物生产用肥最大间隔期，推荐贮存周期最少在 60d 以上，确保充分发酵腐熟，处理后蛔虫卵、粪大肠杆菌、镉、汞、砷、铅、铬、铊和缩二脲等物质应达到《肥料中有毒有害物质的限量要求》。

沼气工程产生的沼渣还田利用或基质化利用的，宜通过堆肥方式进行后续处理。堆肥设施发酵容积不小于（沼渣日产生量＋辅料添加量）（m³/d）×发酵周期（d），确保充分发酵腐熟，处理后蛔虫卵、粪大肠杆菌、镉、汞、砷、铅、铬、铊和缩二脲等物质应达到《肥料中有毒有害物质的限量要求》。

利用沼气发电或提纯生物天然气的，根据需要配套沼气发电和沼气提纯等设施设备。

6 其他

6.1 各省（区、市）农业农村部门、生态环境部门应参照本指南制定符合本地降雨规律、施肥习惯的畜禽养殖场（户）粪污处理设施建设技术指南，科学确定设施贮存周期等要求。

6.2 农业农村部《畜禽规模养殖场粪污资源化利用设施建设规范（试行）》自本指南印发之日起废止。

附件：1. 单位畜禽粪污日产生量参考值

　　　　2. 畜禽养殖场（户）堆（沤）肥设施发酵周期参考值

附表1 单位畜禽粪污日产生量参考值　　　　　　　　单位：m³

处理方式		生猪	奶牛	肉牛	鸡	鸭	羊
固体和液体分别处理	固体粪污产生量	0.0015	0.025	0.015	0.00012	0.00035	0.001
	液体粪污产生量	0.0085	0.030	0.010	0.00008	0.00015	0.0003
固体和液体（全量粪污）同时处理	固体粪污产生量			0.025	0.0002		0.0013
	液体粪污产生量	0.01	0.055			0.0005	

注：水冲粪工艺单位主要畜禽粪污日产生量推荐值为生猪 0.013、奶牛 0.1、肉牛 0.06、鸭 0.0015。逐步淘汰水冲粪工艺。

附表2 畜禽养殖场（户）堆（沤）肥设施发酵周期参考值

处理方式	堆肥（65℃≥堆体温度≥℃55）			沤	
	条垛式（覆膜）	槽式	反应器	春、夏、秋	冬
发酵时间	≥ 15d	≥ 7d	≥ 5d	≥ 60d	≥ 90d

注：1. 发酵时间是指堆体温度达到温度要求后维持的时间。

2. 推荐堆肥时间可以满足无害化要求，如对含水率和腐熟度有进一步要求还应进行二次堆肥。

3. 冬季温度高于 0℃的南方地区，沤肥时间可适当缩短，但不应低于 60d。

4. 春秋温度低于 0℃的北方地区，沤肥时间不应低于 90d；冬季温度低于 –20℃的地区，沤肥时间不应低于 180d。

附录4

全国畜牧总站文件

（牧站（绿）〔2022〕105号）

《关于推介发布规模以下养殖场（户）
畜禽粪污资源化利用十大主推技术的通知》

各省、自治区、直辖市及计划单列市畜牧（农业发展服务、技术推广）站（中心），新疆生产建设兵团畜牧兽医工作总站：

为提升规模以下养殖场（户）畜禽粪污资源化综合利用水平，推进畜牧业高质量发展，按照农业农村部畜牧兽医局工作部署，全国畜牧总站在全国征集了规模以下养殖场（户）畜禽粪污资源化利用实用技术45项，典型案例115个。经专家遴选总结提炼，形成了规模以下养殖场（户）畜禽粪污资源化利用十大主推技术，即：沤肥技术、反应器堆肥技术、条垛（覆膜）堆肥技术、深槽异位发酵床技术、臭气减控技术、发酵垫料技术、基质化栽培技术、动物蛋白转化技术、贮存发酵技术和厌氧发酵技术，每项技术对应两个典型案例。现予以印发。

请各地结合本地区实际情况学习借鉴，并积极探索创新、强化支持引导，加快实用技术供给，发挥典型引路作用，推动实用技术推广应用，助力畜牧业高质量发展。

附件：规模以下养殖场（户）畜禽粪污资源化利用十大主推技术

全国畜牧总站

2022年10月24日

规模以下养殖场（户）畜禽粪污资源化利用十大主推技术

一、沤肥技术

沤肥技术也称为堆沤技术，是指将畜禽粪污、秸秆等有机废弃物混合后集中堆放，在自然条件下通过生物降解作用将混合物料转化为相对稳定且富含腐殖质的物质。原料混合物料含水率宜为 45%～65%，堆成条垛式，表面铺设一层秸秆、腐熟料或塑料膜等遮盖物，堆沤时间一般不少于 90d。常见堆沤设施为半开放式堆沤池，一般设置在养殖场内，具有防雨、防渗等功能。该技术模式操作简单、建设和运行成本较低，但发酵周期较长，需采取臭气和蚊蝇控制措施。

典型案例 1： 黑龙江省肇东市黎明乡托公村。该案例将畜禽粪污与秸秆按照碳氮比（20～35）∶1 进行混合，含水率调节至 60%～75%，加入微生物发酵剂，在坑塘进行堆沤发酵。发酵过程中温度可升高到 50～70℃，在发酵 60～80d 时翻抛 1 次，随后继续发酵 40d 左右，总计发酵 100～120d；发酵到 80d 左右时，往往出现散失大量水分的现象，可向堆体中添加养殖污水，确保发酵物料含水率大于 50%；发酵完成后，进行采样检测，当符合还田要求，即可抛洒还田。

典型案例 2： 新疆维吾尔自治区吐鲁番市鄯善县连木沁镇艾斯力汉墩村。该案例在牛舍外利用圈舍墙体建设长 40m、宽 5m、高 1.5m 的堆粪池，建设投资 5 万元。牛舍粪污收集每周清理圈舍 1 次，用铲车转运至堆粪池，粪堆高度略高于池高，顶部覆盖塑料膜，覆膜沤肥；堆肥 4 个月腐熟后，有机肥全部用于自家 40 亩葡萄地，每年节约化肥成本 2 万～3 万元，增加了葡萄种植基地的土壤肥力，提高了葡萄的品质。

二、反应器堆肥技术

反应器堆肥技术是指将畜禽粪污、秸秆等有机废弃物混合后，置于密闭容器中进行好氧发酵处理，实现快速无害化和肥料化。常见的反应器堆肥装置有箱式反应器、立式筒仓反应器和卧式滚筒反应器等。原料经除杂、粉碎、混合等预处理后，调节含水率至 45%～65%，随后置入反应器内进行高温堆肥，反应器堆肥发酵温度达到 55℃ 以上的时间应不少于 5d，然后对发酵物料进行二次腐熟后，可还田利用。该技术模式自动化水平较高，便于控制臭气污染，粪污处理效率较高，但相比于简易堆沤模式投资成本稍大。

典型案例 3：青海省海东市平安区三合镇索尔干村。该案例将秸秆、尾菜等废弃物粉碎后，与畜禽粪污混合均匀；将混匀后的物料送至发酵罐中，温度升高至 80℃ 以上 2～4h，杀灭病原菌；根据物料情况和配方要求酌情加入一些辅料调节物料湿度和碳氮比；在降温至 65℃ 以下后，加入发酵菌后发酵 6～18h；温度降至常温时，加入功能性有益菌培养 2h 左右，形成功能性有机肥。其自动化程度高，操作简单，加工时间短，批次运行全过程只需 10～24h；腐熟周期短，后腐熟时间 7d 左右；场地要求低，不需建设大型堆肥场，生产过程中无恶臭，无蝇虫滋生。

典型案例 4：湖北省钟祥市官庄湖农场林湖社区。该案例引进"一体化智能好氧发酵舱设备"对畜禽粪污、农作物秸秆、蘑菇菌糠等农业废弃物进行发酵处理，同时配置有"畜禽粪污连续熟化装置系统"和"畜禽粪污好氧发酵净化系统"，该发酵舱系统集成化、结构模块化、全过程智能化控制，集输送、混料、发酵、供氧、匀翻、监测、控制、冷凝净化和废气自动净化达标排放等功能于一体，整个过程在全密闭环境内进行，运行自动化，无需人工倒运物料，达到三无排放，循环利用。整个工艺流程分为前处理、高温发酵和陈化 3 个过程。将混合好的原料送入发酵舱，每 2h 从发酵堆底部进行强制通风曝气 1 次，2d 左右翻堆 1 次，控制发酵温度在 50～65℃，发酵周期为 12d，发酵好的半成品出料后，送至陈化车间进行二次发酵处理，二次发酵周期为 30d 以上，粪污处理效率较高，有利于控制臭气污染。

三、条垛（覆膜）堆肥技术

条垛式堆肥技术是指将物料堆制成长条形堆垛，通过专用翻堆机或翻斗车进行机械供氧的好氧发酵过程，是一种应用较为广泛的堆肥工艺。在条垛式堆肥过程中，可以在堆体表面覆盖一层专用分子膜，使其形成一个密闭环境，减少污染气体排放，并在堆体底部通过曝气管道供给氧气，促进物料快速腐熟，这种堆肥工艺也称为覆膜堆肥。条垛式堆肥翻堆频率为每周 3～5 次，整个发酵过程需要 30～60d。该技术模式工艺简单、操作简便、投资较少，但占地面积大，发酵时间长，臭气不易控制，产品质量不稳定。

典型案例 5：宁夏回族自治区西吉县兴隆镇川口村。该案例采用"村企合作"的方式，将肉牛粪污通过条垛式堆肥发酵产生初级有机肥，再将初级有机肥统一运送到有机肥加工中心生产有机肥料。具体为将80%的粪污和20%的粉碎秸秆混合均匀，按照8m³物料接种1kg EM菌剂，随后进行条垛式堆肥处理。垛宽1.5～2.5m，垛高1～1.5m，2～3天翻抛1次，当温度超过70℃时增加翻堆次数，高温发酵15d后，再进行二次发酵30d，堆体温度接近环境温度时，完成发酵过程形成初级有机肥。

典型案例6：大连市庄河市吴炉镇。该案例采用条垛式堆肥＋高分子膜覆盖的形式对畜禽粪污进行处理。采用的高分子膜材料具有特制微孔、次微孔，可限制氨气等有害气体通过，氮元素保存率可达到70%，并允许水、二氧化碳等小分子通过，保持堆体含水率，实现堆肥的稳定发酵；采用农业秸秆等干物料调节堆体碳氮比和含水率，条垛堆肥基本参数为含水率55%～65%、碳氮比（25～30）:1、气体供应量0.05～0.2m³/（min·m³），条垛堆体建设规格为长35m、宽8m，水泥防渗地面，铺设送风管路和废液回收管路，设备包括供风系统、温控系统、热感应系统、压力系统以及高分子膜。

四、深槽异位发酵床技术

深槽异位发酵床技术是指在畜禽养殖舍外采用深槽发酵处理粪浆的一种方式，首先向发酵槽内一次性投放大量的干垫料，然后将每天收集到的粪浆（含固率≥5%）均匀喷淋到垫料上，再经机械翻耙和辅助曝气，实现高温好氧发酵、蒸发水分、保留养分，实现无害化处理。目前主要应用在缺少耕地配套的山区生猪养殖场和部分刮粪模式笼养蛋鸡、肉鸡场。深槽异位发酵床主要包括发酵槽、粪污池、翻耙机和曝气辅助系统，发酵槽内垫料高度应不低于1.8m，垫料容积大于日处理粪浆量的60倍，翻耙机宜采用小功率多层翻抛设备，菌种采用能快速分解粪浆中残留淀粉的高效降解菌株。垫料与粪浆混合均匀后含水率应控制在50%～60%，每天可适量喷加粪浆1次、翻耙物料1次，夏季可适当增加翻耙次数，冬季可适当减少翻耙次数。该技术模式具有占地面积小、投资相对较少、运行成本较低和快速控制臭气的优点，能实现粪浆发酵全部转化为有机肥原料。

典型案例7：山东省日照市岚山区碑廓镇。该案例存栏生猪1 000头，堆粪棚改建为深槽异位发酵床，按照每头猪0.33～0.50m²要求配套建设2m深槽异位发酵床。深槽异位发酵床由集污池、泥浆泵、搅拌系统、多层翻耙机和2m深槽发酵槽组成，发酵垫料因地制宜、就近取材，采用锯末、稻壳、农作物秸秆等，按照碳氮比为（40～60）:1、容重≤0.5、pH值为6～8的要求混合制备而成，接种量按照发酵垫料量的0.5‰～1‰添加，发酵垫料厚

度 ≥ 1.8m，翻耙混合均匀后即可每天喷洒适量粪浆，每天喷洒粪浆量控制在 15kg/m³ 以内，确保不过量，垫料含水量持续稳定在 45% ～ 55%，粪浆由每天人工收集的干粪和少量尿水混合而成，经过搅拌装置在集污池中混合均匀后输送喷洒到异位发酵床的表面进行发酵处理，根据深槽异位发酵床运行情况，定期补充或更换垫料和菌种，3 年来运行正常，基本解决了猪场粪污和尿液的处理利用的难题。

典型案例 8：安徽省泾县蔡村镇。该案例按照"机械投喂、机械清粪、自动环控和实时监控"建设笼养肉鸡专业合作社，带动周边中小养殖户 12 家，出栏 100 万羽笼养肉鸡；粪污处理配套有深槽异位发酵床 2 座，其中发酵床面积 1 600m²、处理容积约 2 800m³、配套有 2 台翻耙机，采用集中收集肉鸡养殖场粪浆，年收集约 5 000t，通过 4 ～ 5 批次运行，生产腐熟有机肥 1 450 余 t，有效解决了鸡粪处理的难题。

五、臭气减控技术

臭气减控技术是指主要减少畜禽养殖产生的 NH_3、H_2S、VOC 等臭气成分，其中最臭的气体成分是各种挥发性脂肪酸。养殖过程中多个环节都有臭气产生，减少和控制臭气主要要从动物饲料、圈舍环境、清粪方式和粪污收集处理等方面综合治理，通过快速清理粪污、全量密封存贮、减少臭气外溢；添加发酵饲料（中草药）、减少动物肠道臭气产生；喷洒抑臭微生物菌剂、降低舍内环境臭气浓度；固体粪污快速进入好氧堆肥状态，形成腐熟堆肥，抑制臭气产生；液体粪污经过深度厌氧发酵过程，形成腐熟粪水，减少臭气排放。

典型案例 9：上海市松江区。该案例生猪养殖家庭农场 76 家，每个家庭农场设计 1 栋猪舍，存栏生猪 500 ～ 600 头，周边配套水稻种植面积 100 ～ 200 亩，养殖场通过优化饲料配方，每天添加 3% ～ 5% 的发酵饲料或者发酵中草药，控制生猪消化道臭气物质产生；猪舍内建立快速清粪系统，确保新鲜粪污每天快速进入密闭存贮系统；采用密封管道收集输送液体粪污，减少臭气外溢；猪舍末端风机口安装除臭设施，包括外部箱体、过滤材料、喷淋系统、主电控箱，除臭设施安装在猪舍排风口的外侧，通过更换大功率负压风机，并与密闭风道连接，经过水洗氧化除臭和微生物降解除臭（生物膜），实现猪舍尾气高效除臭，场界臭气浓度降到 20 无量纲以下（DB31/1098—2018），减少了臭气排放。

典型案例 10：安徽省亳州市蒙城乐土镇。该案例是公司 + 农户的形式，每个养殖户配套建设高标准鸭棚 1 ～ 3 个，每个鸭棚养殖面积 1 440m²、存栏

1.2 万羽，全年养殖 6～7 个批次，带动皖北地区 1 000 多个中小型养殖户发展肉鸭产业。其采用雨污分离、优化饮水系统、提升养殖棚舍高度等，建立网下垫料收集新鲜粪污快速处理技术，降低新鲜鸭粪厌氧发酵产生臭气浓度；采用发酵饲料（中草药）调节肉鸭肠道微生物，减少粪臭素等恶臭物质的产生；采用喷淋系统定期喷洒抑臭微生物菌剂，在养殖层面构建健康微生态环境，控制动物体臭。鸭棚周边臭气浓度降到 20 无量纲以下（DB 31/1098—2018），肉鸭养殖环境臭气减控效果显著。

六、发酵垫料技术

发酵垫料技术是指将锯末、稻壳和秸秆等垫料经发酵后铺设到圈舍内的养殖层面或者养殖层面以下（漏粪板、漏粪网格）的一种养殖模式，在奶牛、肉牛、肉羊和肉鸡等中小规模养殖场均有使用。养殖过程中动物每天产生的粪污和尿液均落入预先铺设好的发酵垫料上，通过内源微生物或外源功能微生物作用进行中低温好氧发酵，实现畜禽粪污无害化处理和稳定化利用。发酵垫料含水量一般控制在 40%～50%，垫料厚度以畜种、养殖模式以及每天产生粪尿量确定，每立方垫料应添加（接种）功能微生物菌种 0.3～1kg，配置垫料应先预发酵，发酵温度需经过 60℃的高温区，预发酵周期控制在 5～7d。发酵垫料上床后要根据不同模式采用覆盖或翻耙等方式调节水分，并通过增减垫料厚度调控发酵进程，发酵垫料厚度应根据季节变化及时调整。发酵垫料使用 1 个周期后，根据氮磷钾养分富集情况和垫料腐解状况，确定是否更换垫料，更换的垫料可用于有机肥生产或作为农家肥直接还田使用。

典型案例 11：广西壮族自治区都安县东庙乡安宁村。该案例采用"微生物＋发酵垫料"模式，牛棚屋顶采用隔气隔热材料，中间间隔布置透光板，沿四周砖砌发酵床，高出地面 60cm 左右，防止雨水渗入，严格实施雨污分离。同时使用发酵垫料场床一体化养殖肉牛，垫料因地制宜选择谷壳、木糠、锯末等廉价材料，首先在发酵床底部铺设一层谷壳或秸秆保障透气，再铺一层木屑增加吸水性，每层控制在 10～20cm。将锯末、谷壳物料均匀铺设，并控制含水量。当垫料下沉 5～10cm 时，应及时补充新的垫料。使用 1 个周期后，根据氮磷钾养分富集状况和发酵垫料腐熟情况，更换新的垫料，更换下来的垫料直接作为农家肥还田使用或者生产有机肥，采用发酵垫料养殖模式，场内无排污口，无臭气产生，能够满足环保要求。

典型案例 12：江苏省南京市高淳区。该案例建设圈舍围栏长 31 420m、高度 1.5m，底座采用砖混结构，高度出地面 20～30cm；在围栏中均匀铺设预发酵的秸秆、稻壳等，散养蛋鸡圈养在围栏中，每天产生的粪污和垫料混合，经中低温发酵后无臭气产生，农户根据垫料层表面鸡粪积累情况，及时增加新鲜垫料，3～6个月自行更换新的垫料1次，清理出的畜禽粪污和垫料由村保洁员上门袋装收集，并就近运送到指定的畜禽粪污处理中心，进行简易堆肥发酵，实现无害化处理肥料化利用。发酵垫料养殖模式，按照1m³发酵垫料配套100只蛋鸡进行设计，粪污中低温发酵和收集后高温堆肥发酵腐熟，作为农家肥使用或商品有机肥的生产原料。发酵垫料养殖模式应按照先进先出的原则，将处理好的粪肥根据种植要求进行菜地、果树还田利用（秋施或冬施），可减施化肥5%～10%。

七、基质化栽培技术

基质化栽培技术是利用畜禽粪污为原料，辅以菌渣及农作物秸秆，进行堆肥发酵，生产用于菌菇种植的基质、果蔬栽培基质、水稻育秧基质，具有较好经济效益。主要是畜禽粪污和粉碎秸秆按一定比例混拌后，经过10余天高温发酵，15d左右二次发酵，通常保持碳氮比为（20～35）：1，含水量控制在60%左右，经过多次发酵转化为腐熟栽培基质。若作为水稻或者蔬菜育苗基质，腐熟粪污堆肥与营养土、壮苗剂按一定比例混拌均匀即可；如果作为食用菌栽培基质，需要进一步经过巴氏灭菌、降温、接种培养后，按照食用菌栽培基质质量安全要求（NY/T 1935—2010）进行包装备用。使用时适宜温度是25～28℃，期间需要注意通风换气、控制温度和水分，促进菌丝生长，可以在温室大棚中进行培养生产食用菌。

典型案例13：浙江省金华市金东区。该案例中养猪场采用原生态、低成本粪污处理模式，以盆景艺术展示园、果蔬产业园为依托，发展苗木基质栽培技术，促进当地苗木产业发展，带头塑造农旅党建品牌示范村。养猪场占地5亩，猪舍面积900m²，存栏265头，年出栏450头，年产生粪污约360t。猪舍采用干粪形式，粪污在专用的封闭式集粪棚经过堆肥发酵后形成初级有机肥用于制作苗木栽培基质，养分损失小，肥料价值高；猪尿、冲栏水及少量污水进入沼气池经厌氧发酵，形成沼液用于灌溉，沼气用于场区生活。

典型案例14：湖南省冷水江市中连乡。该案例主要将养殖场粪污生物处理后用于蔬菜大棚栽培基质，其建设沉淀池、干粪棚等粪污处理设施，拥有蔬菜种植基地200余亩，配套蔬菜大棚82个；场内实现雨污分离，建设干粪棚、沼气池、沉淀池等设施；养殖场产生的粪污干湿分离集中收集，固体粪污进行堆沤发酵，加工成大棚蔬菜种植基质，用于高营养价值蔬菜种植。养殖粪水经厌氧发酵后，产生的沼气用于日常生活，沼渣生产专用有机肥，沼液进入沼液净化处理设施进一步处理，处理后的沼液由水肥输送管道运送至蔬菜基地。

八、动物蛋白转化技术

动物蛋白转化技术是指通过蚯蚓、黑水虻等腐食性动物对畜禽粪污进行生物处理，增殖转化的蚯蚓、黑水虻等可用作畜禽饲料中的动物蛋白原料，残余物质（虫沙）作为有机肥料进行还田利用。蚯蚓适宜生长温度为18～25℃，培养基料适宜含水量为30%～50%、pH值为6.5～7.5，碳氮比为（35～42）：1，养殖密度每平方米控制在10 000～30 000条幼蚓为宜，通过亲本选择、杂交、初筛、驯化、复筛、基质制备和增值培养等步骤完成。黑水虻适宜在28～32℃环境下生长，种虫繁殖需要好的光照条件，但处理猪粪的场所不需要光照。黑水虻养殖模式可分为人工操作和机械化操作，全程转化时间一般在35d左右，食物转化率15%～20%，商品幼虫粗蛋白质含量42%（干基），营养价值高，对粪污中氮的消化能力可达到25%，具有处理成本低、资源化效率高、无二次污染等特点，实现了生态养殖。

典型案例15：青岛市莱西市姜山镇洽疃村。该案例为自繁自养小型猪场，存栏260头、出栏400头左右，配套南瓜种植面积270亩、蚯蚓养殖大棚1亩（2个）。蚯蚓养殖条垛宽1m，添料厚度10～20cm，每月添料2次以上；每隔10d左右除蚓粪、倒翻蚓床1次，根据生产情况定期收获蚯蚓；蚯蚓用于散养蛋鸡饲料，蚓肥用作种植绿皮南瓜的有机肥料；垫料和秸秆等通过好氧堆肥发酵，每年可生产有机肥40～50t，通过有机肥和蚓肥还田利用，可有效提高土壤肥力、减少农田肥料投入6万～8万元，具有明显的社会效益和生态效益。

典型案例16：云南省楚雄州禄丰市。该案例从事生猪、土鸡养殖，占地80亩，日产新鲜猪粪约2t，污水5～8m³。其配套建设种虫养殖房，将收集到的黑水虻虫卵孵化为幼虫；新鲜猪粪预处理调节含水量后投入转化池，同步添加黑水虻幼虫，经12～15d培养转化后进行虫粪分离，部分幼虫作为留种继续培养。猪场每天产生的新鲜粪污全部用于黑水虻养殖，成虫作为蛋鸡饲料，残留物质（虫沙）作为生产有机肥原料，配套饲养7 000羽土蛋鸡，年收益105万元，产有机肥182.5t，年销售收入10.9万元（按600元/t计）。

九、贮存发酵技术

贮存发酵是将畜禽养殖场产生的畜禽粪、尿、外漏饮水、冲洗水及少量散落饲料等的混合物集中收集（液态粪污）或将粪污固液分离后的液体，在敞口、封闭或半封闭贮存条件下伴随好氧、兼氧或厌氧发酵的过程，以达到粪污稳定化、无害化效果，并减少有害气体排放。常见的贮存发酵设施有舍内深坑、氧化塘、密闭罐或覆膜塘（如黑膜厌氧塘）等。粪污在氧化塘和/或深坑中贮存发酵的时间总和不少于 6 个月，在封闭贮存设施中贮存发酵的时间不少于 3 个月；加入微生物菌剂或发酵后作为基肥使用时，可适当缩短贮存期。其操作简单，建设和运行成本较低，但要配套规范的贮存设施，保障贮存发酵全过程安全，合理设计农田施用工艺，并注意控制有害气体排放。

典型案例 17：江西省赣州市信丰县嘉定镇龙舌村。该案例建有栏舍三栋约 500m²，存栏母猪 10 头、公猪 1 头、仔猪 46 头；配套种植板栗 35 亩、脐橙 20 亩、花生 2 亩、西瓜 2 亩、蔬菜 0.5 亩；养殖场建设雨污分离设施将粪污与污水分开，尿和污水通过专用管道集中收集进行厌氧贮存发酵 60d 左右，进入氧化塘贮存，在施肥季节进行还田利用，其运行人工成本每年约 1 万元，粪污替代化肥成本约 5 000 元，60 亩经济作物增产提质增收近 6 000 元。

典型案例 18：河北省衡水市桃城区。该案例年出栏生猪 300 头，配套建设粪水贮存池 90m³，贮存池包括畜禽舍边的一级沉淀池、流通过程的二级沉淀池和最终汇集的三级沉淀池，通过直径大于 30cm 的暗道或管道输送，三级沉淀池为全地下式，深度 2～2.5m，容纳 3 个月以上的粪水量，总投资 2.22万～2.73 万元。通过干清粪或干湿分离机将养殖场粪污分为固态粪污和粪水，粪水进入贮存池发酵后用于农业生产，其有充足的土地可消纳养殖场粪污。

十、厌氧发酵技术

厌氧发酵是将畜禽养殖粪污，经过除杂、调质等预处理后，置于密闭设施中在厌氧微生物作用下进行稳定化、无害化处理，所产生沼气作为能源、沼液沼渣作为肥料（沼肥）；需配套原料预处理、进出料、沼气贮存和净化以及沼肥贮存设施等。影响厌氧发酵效果的因素主要有物料配比、总固体浓度、发酵温度、搅拌、发酵周期等。规模以下养殖场粪污厌氧发酵的总固体浓度以不超过 8% 为宜，推荐采用常温（环境温度）和中温发酵（36℃左右）；常温发酵周期（水力停留时间）不少于 8 周、中温发酵周期不低于 3 周，可通过发酵设施保温和加温（如太阳能加温）保证发酵温度稳定。该技术对粪污稳定化无害化处理效果好，每立方米粪污产沼气 30m³ 以上，病虫害和杂草种子杀灭率可达 90% 以上，粪污养分损失小于 10%，甲烷减排 80% 以上；但对稳定运行、安全管理等技术要求较高，适宜粪污产生量稳定充足、清洁能源需求大、有害气体排放控制要求高的地区。

典型案例 19：四川南充市嘉陵区李渡镇。该案例常年饲养母猪 20 余头，年出栏商品肉猪 200～300 头，粪污干稀分流后，少量粪污和尿污进入 100m³ 地埋式沼气池厌氧发酵，产生的沼气为场内生活供能，沼液进入 500m³ 贮存池充分腐熟，在用肥时通过污水泵抽运到周边 100 余亩农田。通过沼气池、贮液池、三轮运输车、吸污泵及管带等环保设施配套，粪肥还田利用替代农业种植 2/3 化肥用量，具有明显的经济效益、生态效益和社会效益。

典型案例 20：河南省鹤壁市浚县小河镇。该案例养殖场（户）将养殖粪水汇入贮存池暂存，然后泵入太阳能辅助加温沼气池进行厌氧发酵，加快生产沼气速率及沼肥转化速率，比传统沼气池工艺处理周期减少 6d 以上。其养殖场每 100～300 头存栏生猪配套建设 30m³ 粪污贮存池和 70m³ 沼气池，沼气供养殖户或周边农户使用，沼肥还田；每亩地节省复合肥用量 4kg，粮食增产 50kg，每亩地收益增加 150 元。畜禽粪污处理后转变为可利用的能源，降低了畜禽养殖对环境污染的影响。

附录 5

全国畜牧总站文件

（牧站（绿）〔2023〕140 号）

《关于推介发布畜禽类污资源化利用典型案例的通知》

各省、自治区、直辖市及计划单列市畜牧（农业发展服务、技术推广）站（中心），新疆生产建设兵团畜牧兽医工作总站：

为提升畜禽养殖场（户）类污处理利用设施装备水平，加快推进畜禽粪污资源化利用，按照农业农村部畜牧兽医局工作部署，我站开展了畜禽粪污资源化利用典型案例征集活动。经专家评审，遂选出畜禽粪污资源化利用典型案例 10 个。各地要充分发挥典型示范带动作用，结合本地区实际情况学习借鉴，推动技术模式推广应用和再创新，不断提升畜禽粪污资源化利用水平，逐步实现畜禽粪污由"治"向"用"转变。

附件：畜禽粪污资源化利用典型案例

全国畜牧总站

2023 年 12 月 11 日

畜禽粪污资源化利用典型案例

一、湖北钟祥猪场条垛式堆肥与黑膜池厌氧发酵案例

湖北钟祥牧原养殖有限公司养殖场位于湖北省钟祥市，年出栏生猪40万头。采用水泡粪工艺，粪污经漏缝地板进入栏下粪污贮存池，通过重力自流至粪污收集池。经固液分离后，固体粪污经过条垛式堆肥发酵工艺生产有机肥，液体粪污进入黑膜池厌氧发酵，沼液通过管网还田。主要配套装备有斜板式固液分离机、螺旋挤压机、潜水搅拌机、污水泵、铲车和还田管网等。该技术模式运行成本低，易维护，适用于周边配套土地面积充足的规模生猪养殖场。

二、云南勐腊猪场粪污简易发酵还田案例

勐腊县旭东生猪饲养有限责任公司养殖场位于云南省勐腊县，年出栏生猪8 000头。采用机械干清粪工艺，固液分离后，固体粪污自然堆沤发酵处理后用于周边农田利用，液体粪污经厌氧发酵后，进入氧化塘贮存，液肥通过管网施用于果蔬。主要配套装备有螺旋挤压机、加压泵、污水泵和还田管网等。该技术模式投资和运行成本低，易维护，适用于周边配套土地充足的规模生猪养殖场。

三、陕西南郑猪场粪污异位发酵还田案例

汉中市南郑区裕鑫农业发展有限公司养殖场位于陕西省汉中市南郑区，年出栏商品仔猪3万头。采用水泡粪工艺，粪污经漏缝地板进入栏下贮存池，通过喷撒系统均匀布入异位发酵床，并定期翻抛，物料发酵后作为商品有机肥原料或还田利用。主要配套装备有发酵槽、自动移位架、液体粪污喷洒系统、自动翻抛机、潜污泵、曝气辅助系统等。该技术模式实现固液粪污同步处理，运行成本低，适用于节水工艺较好，周边农田少的规模生猪养殖场。

四、河北黄骅奶牛场粪污反应器发酵生产垫料与氧化塘发酵案例

黄骅市乐源家牧业有限公司养殖场位于河北省黄骅市，存栏奶牛4 000

头。采用机械干清粪工艺，将牛舍类污收集到匀浆池，经固液分离后，固体粪污经超高温好氧发酵制备成卧床垫料，大部分液体粪污回用于牧场粪污的冲洗收集，其余液体粪污进入氧化塘贮存，施用于牧场周边农田。主要配套装备有一级、二级螺旋压榨机、高压螺旋挤压机和超高温好氧发酵垫料系统等。该技术模式可降低牧场垫料成本和粪污处理成本，适用于周边配套农田充足的规模奶牛养殖场。

五、广西田东奶牛场粪污覆膜堆肥发酵生产垫料与囊贮发酵案例

广西皇氏田东生态农业有限公司养殖场位于广西壮族自治区田东县，存栏奶牛 2 200 头。采用机械干清粪工艺，粪污固液分离后，固体粪污经槽式覆膜堆肥发酵后，与辅料（木屑、谷壳和生石灰等）拌匀后用作卧床垫料，液体粪污经密闭囊常温发酵处理后进入氧化塘贮存，用于牧草种植。主要配套设备有刮粪机、密闭覆膜、气泵和污水泵等。该技术模式工艺设施简单，投资运行成本低，适用于周边配套土地充足的规模奶牛养殖场。

六、江西永新肉牛场粪污全量收集原位发酵案例

永新县明辉农业有限公司养殖场位于江西省永新县，年出栏肉牛 2 500 头。以秸秆、锯末和蘑菇渣等为原料，配置原位垫料的养殖工艺。定期向垫料喷洒微生物菌剂，结合人工翻耙，实现垫料初步发酵，垫料定期清出后，采用条垛式堆肥进一步发酵生产有机肥。主要配套设备有自走式翻抛机和铲车等。该技术模式工艺精细，运行成本低，适用于南方规模肉牛养殖场。

七、安徽天长羊场粪污轻简化堆肥案例

安徽天长市周氏羊业有限公司养殖场位于安徽省天长市，存栏羊 6 000 只。采用高床养殖，机械干清粪工艺，粪污经漏缝地板进入栏下地面，用机械刮粪板清出后，采用条垛式堆肥发酵生产有机肥，就地就近还田或出售。主要配套装备有自走式翻抛机、筛分机等。该技术模式工艺简单、应用范围广，适用于规模羊场。

八、山东东港蛋鸡场粪污一体化智能好氧发酵案例

日照喜农商业发展有限公司养殖场位于山东省日照市东港区，蛋鸡存栏量 50 万羽。采用传送带清粪工艺，粪污通过全自动中央地下输粪系统运送至好氧发酵系统，通过智能化控制，实现自动化混配主辅料，实时监测并全程自动进行搅拌、供氧、翻堆和除臭。主要配套装备有自动化清粪系统和一体化动态智能好氧发酵系统等。该技术模式投资和运行成本高，自动化程度高，臭气控制好，适用于大型养鸡场。

九、吉林农安肉鸡场粪污分子膜好氧发酵案例

农安耘垦养殖有限公司养殖场位于吉林省农安县，白羽肉鸡存栏 120 万羽。采用传送带清粪工艺，收集至分子膜好氧发酵系统，通过自动控制系统调节风量，实现物料充分发酵。主要配套装备有智能一体化静态好氧发酵系统、破碎筛分机等。该技术模式投资和运行成本低，不受地域限制，在冬季寒冷地区也可正常升温发酵，隔臭效果好，适用于中大型规模鸡场。

十、江苏溧水鸭场粪污高床原位发酵案例

江苏南京溧水天福禽业专业合作社位于江苏省南京市溧水区，年出栏肉鸭 30 万只。采用网床养殖工艺，网床下方设置生物发酵床，鸭粪通过网孔进入网床下的发酵床垫料（稻壳、木屑以及微生物发酵菌等），通过自走式翻耙机充分翻匀发酵床进行好氧发酵，3 年后全部清出直接还田利用。主要配套装备有自走式翻耙机和垫料清运装备等。该技术模式工艺简便，运行成本低，节约土地面积，适用于规模鸭场。

参考文献

蔡长霞，2006.畜禽环境卫生［M］.北京：中国农业出版社．

程波，2012.畜禽养殖业规划环境影响评价方法与实践［M］.北京：中国农业出版社．

程德君，王守星，付太银，2003.规模化养猪生产技术［M］.北京：中国农业大学出版社．

邸佳颖，李干琼，张永恩，等，2022.中国农业废弃物资源化利用现状与标准化技术研究及
展望［J］.农业展望，18（12）：73-78.

董红敏，陶秀萍，2007.畜禽养殖环境控制与通风降温［M］.北京：中国农业出版社．

樊丽霞，杨智明，尹芳，等，2019.畜禽粪污利用现状及发展建议［J］.现代农业科技（1）：
175-176.

冯春霞，2001.家畜环境卫生［M］.北京：中国农业出版社．

付殿国，杨军香，2013.肉羊养殖主推技术［M］.北京：中国农业科学技术出版社．

河海大学《水利大辞典》编辑修订委员会，2015.水利大辞典［M］.上海：上海辞书出版社．

李建国，2002.畜牧学概论［M］.北京：中国农业出版社．

李有志，杨军香，2013.奶牛养殖主推技术［M］.北京：中国农业科学技术出版社．

李震钟，2000.畜牧场生产工艺与畜舍设计［M］.北京：中国农业出版社．

刘喜雨，2021.绿色生态养殖技术［M］.昆明：云南大学出版社．

罗晓瑜，刘长春，2013.肉牛养殖主推技术［M］.北京：中国农业科学技术出版社．

牛统娟，王智，胡建宏，2021.畜禽粪污资源化利用方式研究进展［J］.畜牧兽医杂志，40
（3）：19-22.

祁继英，2005.城市非点源污染负荷定量化研究［D］.南京：河海大学．

全国畜牧总站，2012.蛋鸡标准化养殖技术图册［M］.北京：中国农业科学技术出版社．

王勃森，2019.现代畜禽养殖技术［M］.咸阳：西北农林科技大学出版社．

王方浩，马文奇，窦争霞，等，2006.中国畜禽粪污产生量估算及环境效应［J］.中国环境
科学，26（5）：614-617.

王清义，汪植三，王占彬，2010.中国现代畜牧业生态学［M］.北京：中国农业出版社．

王伟国，2006.规模猪场的设计与管理［M］.北京：中国农业科学技术出版社．

吴一平，俞洋，等，2021.我国畜禽产业绿色安全体系研究［M］.北京：中国农业出版社．

习近平，2022.论"三农"工作［M］.北京：中央文献出版社．

牛统娟，王智 ，胡建宏，2021.畜禽粪污资源化利用方式研究进展［J］.畜牧兽医杂志，40（3）：19-22，25.

张超，2008.非点源污染模型研究及其在香溪河流域的应用［D］.北京：清华大学.

张秋玲，2010.基于 SWAT 模型的平原区农业非点源污染模拟研究［D］.杭州：浙江大学.

张书豪，龙东海，张英，等，2021.畜禽粪污无害化处理和资源化利用新技术探讨［J］.农业与技术，41（21）：135-137.

张雪花，2004.非点源污染量化模型中重要影响因素的研究［D］.长春：东北师范大学.

郑久坤，杨军香，2013.粪污处理主推技术［M］.北京：中国农业科学技术出版社.

中国农业大学，上海市农业广播电视学校，华南农业大学，等.1997.家畜粪污学［M］.上海：上海交通大学出版社.

王方浩，马文奇，窦争霞，等，2006.中国畜禽粪污产生量估算及环境效应［J］.中国环境科学，26（5）：614-617

朱红雷，2015.面向非点源污染控制的土地利用优化研究［D］.北京：中国科学院研究生院（东北地理与农业生态研究所）.